U0295613

Innovative Design

创新设计丛书

上海交通大学设计学院总策划

用户体验与人类学

——地铁田野调查 （修订版）

戴力农 著

上海交通大学出版社
SHANGHAI JIAO TONG UNIVERSITY PRESS

内容提要

　　"用户体验与人类学"是用户体验设计(User Experience Design)领域里一个自成体系的分支,它是以人类学人种志为核心,结合多种社会科学的研究技术所形成的独特的设计体系。本书不仅阐述了人类学人种志的概念及其在"用户体验设计"领域的应用,还从其研究框架出发,逐一介绍了每一个研究步骤所需要的方法和技术。不仅于此,为了能让读者更好地理解如何运用"用户体验设计"来做研究,本书以一个真实的实践案例——"上海地铁使用者体验研究"来把所有的理论知识"串"起来,并结合全球各地的其他地铁案例,使本书内容更加丰富,更具可操作性。

　　本书可作为设计院校的高年级本科生或硕士生;设计行业从业者,特别是那些在用户研究、用户体验、可用性研究等领域的实战人员;从事地铁相关设计工作的人员的学习参考用书。

图书在版编目(CIP)数据

用户体验与人类学:地铁田野调查/戴力农著.—修订本.—上海:
上海交通大学出版社,2019
ISBN 978 - 7 - 313 - 22585 - 6

Ⅰ.①用…　Ⅱ.①戴…　Ⅲ.①人类学-方法论　Ⅳ.①Q98-0

中国版本图书馆 CIP 数据核字(2019)第 263720 号

用户体验与人类学——地铁田野调查(修订版)
YONGHU TIYAN YU RENLEIXUE——DITIE TIANYE DIAOCHA(XIUDING BAN)

著　　者:戴力农

出版发行:上海交通大学出版社 　　　　地　　址:上海市番禺路 951 号

邮政编码:200030 　　　　　　　　　　电　　话:021 - 64071208

印　　制:当纳利(上海)信息技术有限公司 　经　　销:全国新华书店

开　　本:710mm×1000mm 1/16 　　　　印　　张:15.5

字　　数:241 千字

版　　次:2019 年 12 月第 1 版 　　　　　印　　次:2019 年 12 月第 1 次印刷

书　　号:ISBN 978 - 7 - 313 - 22585 - 6

定　　价:68.00 元

前　言

这本书的雏形起于很早。

2005 年,笔者在美国伊利诺伊理工大学访学时,第一次接触"人种志"研究和人类学这个学科。当时是充满迷茫的,带着一些方法和一知半解的理论回到国内,走上了从事用户体验研究的道路。当时国内并没有很多人知道用户体验设计。笔者的研究只是一个起点。而后面的一段路,主要是靠自学心理学、社会学、人类学,逐步地编织出一个网来。一边学习一边实践,慢慢地、深入理解了这些理论和方法。作为中国用户体验最早的一批践行者和推广者,虽然有借鉴国外的经验,但更多的是摸索和开拓。

地铁的研究也是从在美国学习的那个阶段开始的,从兴趣出发,从探索入手,经过大量的观察和思考——从空间到产品,从人的行为到人的动机。后面几年,作为一个用户体验的研究者,出差每一个国家,经过每一个城市,都一定要去地铁走一走,观察、记录、街访,慢慢地品出了人种志的感觉来。

芒格说,当你手里有铁锤时,世界都是钉子。

当你手里啥也没有的时候,世界是什么?

逐渐地,手里的工具多了起来,似乎有一个阶段,就是贪求掌握更多的方法、模型。当时的心情,仿佛多学了一个工具就更强大一些,而这段时间是离人种志最远的时候。人种志需要大量的耐心,不急于确定问题,只是站在边界里,耐心地观察、记录,不轻易下结论,不着急做设计。它的工具很简单,但非常扎实。这是一个很拙的方法,需要岁月的积累,在"唯快不破"的今天,肯沉下心来用的人,不多。

经过这个丰富多彩的阶段,逐步回归研究的本真,开始做减法,如今的课堂,笔者在教学时,在初期数据采集方面主要讲观察法和访谈法。这两种强大的工具配合使用,可以解决大多数的定性研究问题。比起使用多种工具,更有用的是深入接触用户。只要与用户接触足够多,从多个角度了解他们,就能足够还原他们的生活。

这就是人种志的魅力,始于无确定边界的"疑云问题",耐心深入用户的真实环境,站在用户的视角去看待问题、思考问题,人种志可以赋予创新超出想象的突破。从 2005 年,到 2019 年,除了地铁,我用人种志又挖了一个"深坑":研究亲子家庭环境与儿童健康成长。这个坑我们踩了 10 年,牵涉诸多方面的问题,充满了复杂性,但是人种志是最见时间功底的。逐步地,整个世界清晰起来。每隔一段时间,我们就会入户去调研,在最后的 3 年中,每次入户,在 3 小时田野调查后,我们就可以给用户做反馈。仅仅通过观察、访谈、了解用户一天的生活,就能做出家庭诊断。诊断的范围很宽,涉及夫妻地位、家庭结构与关系、孩子的心理倾向、发展趋势和隐含问题等许多方面。准确度可以达到 90% 以上。要知道 3 小时前,我们还是陌生人。有些家庭甚至非常惊讶,我们居然分析出他们不为人知,甚至自己也没有觉察的问题。

这次的修订版首先选取了本书最初的书名,将用户体验与人类学这两个主题突出,也明确说明了地铁是本书的实践案例。其次,大改了"中国用户体验的发展""深描、故事与痛点"两节内容,新增了"当代中国用户体验设计流程""田野调查"两节。最后,更新了大量例子,因为这几年各国地铁有许多更新,特别是受电子通信技术的影响,许多当年的设想早已成为现实。

这本书记录的调查是非常原始的,关于地铁,关于当时的上海地铁。多年后,再整理修订时,发现大多数用户需求并没有变化。人种志的优点也恰恰如此,由于更接近原始真实的数据,所以它不会过时。随着这些积累,心里存了许许多多个普通人的故事,希望有一天退休闲适下来,可以将这些海量的数据慢慢地整理,写成一本人类学而非设计学的书。

以设计的名义,超越设计。

戴力农 上海
2019 年 12 月

目 录

第一章　用户体验与人类学

第一节　从传统调研到用户体验

2个调研的比较

观察笔记1

2006年4月,一项对城市某地区拆迁户的设计研究正在进行。这项研究力图通过问卷得到数据来形成分析。调研问卷由某高校的3位博士生设计。他们均具有良好的专业知识背景,但从未经历过动迁,从未住过这类老房子,对当地的了解也很有限。每份问卷正反有3大张,选择题、填空题和问答题等各种题型都有,用词比较专业和书面化。这份问卷曾由大学生在教室里模拟填写过,全神贯注也要30分钟才能完成,其间,有5个同学(参加模拟测试的学生不到30人)提问,表示不能理解题目的意思。

发放和回收问卷是由该校的本科生执行。这些学生2人一组挨家挨户敲门找人做问卷,在规定的6个小时中要完成50份问卷。填写者将获赠一大袋洗衣粉。由于时间紧,学生基本无法监督填写,大多发放到户,然后过一段时间再来回收。笔者仔细跟踪观察了其中的一组,发现近1/3的问卷是在15分钟左右做完的。也有 10 多份是在 1 个小时后才迟迟收到,但发现后面数道题目未填。至少有 7 个人是把卷子铺在腿上或墙上做完的,均未超过 12 分钟。还有 2 个人做完后又去要了 1 份,7 分钟后拿着填好的卷子过来换洗衣粉。邻居互相介绍"经验":"再抄一份好了。那个洗衣粉一大包,买买挺贵的,好牌子的呢。"学生到下午又累又急,对重复填写的卷子也就视而不见。在其他组,这种现象也很普遍。

从现场情况来看,在倒塌的楼宇中留守的居民多数还未与政府达成一致,大多数居民正准备搬家的诸多事宜,根本不可能坐在桌子旁一道一道耐心地答题,大多数住户属非白领的工薪阶级,不具有与大学生同等的知识水平,处理起问卷来,实在是挺累的。从回收的问卷来看,问答题的回答率极低。

问卷调研,是传统经典的研究方法之一,长期以来,一直作为主流方法,应用于社会科学领域。设计界也深受影响,至今大多数传统企业设计前期的市场调研都是以问卷法为主。设计师根据自己的经验和文献资料检索的积累,做出设计假设和市场分析,通过问卷得到相关的数据支持自己的观点,用于说服客户和其他设计人员。大家已经习惯于将各种观点配上漂亮的数字,凑成某种公式,仿佛只有这样才显得比较科学。在市场上也同样如此,无论管理界精英还是成功企业家,大多信服于精确的数字、明晰的报表,好像只有这些才是最有说服力的证据。人们对科学的曲解导致对数字的盲目崇拜,使得统计学一时间成为社会科学中唯一科学的方法。

问卷法有着很多优点:直观、准确、明晰……但是任何研究方法都有它的局限性,当人们盲目依赖并且滥用它的时候,其弊端也就显现出来。从前面的例子中至少可以看出:

● 由于问卷的设计对于定量研究至关重要,只有问对了问题,才有可能得到正确的答案,正所谓"No right questions, no right answers"(没有正确的问题,就不可能有正确的答案)。博士的知识不等于解答这个问题需要的知识。问卷设计是基于博士生们的书本知识和个人经历,有时候他们根本没找到正确的问题。

● 问卷法较适合那些习惯文字工作的对象,对于文化水平较低的人群,问卷会失去效果。

- 专业用语和书面用语过多的问卷不适合非专业的对象。
- 答题时间过长会导致答题者疲惫,从而降低问卷的可信度。
- 问卷对象应覆盖整个课题的各种情况,在这个例子中,答卷的只有那些滞留的居民,而没有那些早早签了合同走了的居民,问卷的结果不够全面。
- 很多时候,发放和回收问卷的人员不是研究者本人,所以对问卷的解释能力也较弱。
- 发放和回收问卷的人员的责任心和工作热情也同样重要。

……

当然,更科学更尽责的问卷设计会减少实施过程中的缺憾,但是问卷法只能针对已知问题或者预测做出判断分析,很难找到那些设计师和研究者本身并不知道的问题,特别是个体差异巨大的使用者所遭遇的问题,也无从反映出他们千差万别的需求。这与以问卷法的设计调研不具有足够的开放性有很大关系。

观察笔记 2

在教室里,几个学生正在把 300 张照片和 130 张字条钉到软包幕墙上。所有的照片来自这个 4 人小组。在前一个星期,他们找到一些单身公寓的住户,在他们家里拍了许多照片。这些照片从不同时间、不同位置记录了这些单身公寓住户在公寓中储藏物品的方法。桌子上还有厚厚的一叠观察笔记。

"约翰(John)在玄关的墙上钉了一个钉子,他说进门第一件事就是把钥匙挂在上面。"

"看看斯特拉(Stella)的卫生间!她的脏内衣藏在门后面。那是她洗澡时唯一能找到的地方。"

"我的这个大块头经常不穿袜子。因为他抱怨说总是找不到它们。"

"斯蒂夫(Steve)的窗台上堆满东西,他把它当作临时储物台。"

"山姆(Sam)的鞋盒是个百宝箱,里面有照片和好多小玩意儿。"

……

这些照片来自真实使用者的生活,这些字条来自对真实使用者的了解,学生们将它们分类,寻找设计的新创意、产品的新市场。这是前不久的一个家具公司委托给学校的设计项目。设计团队使用人类学的"人种志"方法来进行用户体验研究。

通过比较，可以再次看到，传统的问卷法，虽然设计师可能能见到使用者，但是调研的内容使得设计师和使用者相距千里。因为设计师在问卷中的提问的来源无非是间接资料的整理，加上个人经历。设计师根据这些来源做出设计预测，然后希望通过调研来判断哪些预测有用，哪些没用。如果有一种使用者的需求不曾被发现，现有设计从未体现过，设计师本人也从没想到过，那么，设计师用问卷法能找得到吗？答案是否定的。

第二种观察中，研究者将研究目标指向"用户体验"，他们引入人类学的"人种志"方法——一种定性研究方法应用于设计，正是这种基于对使用者的真实研究使得他们更真切地了解到使用者的真实需求。

用户体验的发展

早在 20 世纪 50 年代——用户体验产品设计研究的早期，就已经开始了对产品的安全性和用户的生理舒适性的关注，其中，以 1955 年亨利·德雷福斯（Henry Dreyfuss）的《为人的设计》（*Designing for People*）为代表。随着用户体验研究的不断发展，其内涵扩大到安全性、舒适性、心理感受、社会语境和文化背景等多方面的领域，从个体到群体，从生理到心理。到 80 年代，以用户为中心（User Center）的设计理念开始兴起，一批创新的设计公司和综合性大学提出了"有用、好用、吸引人"等关注使用者的设计原则。

1993 年，唐纳德·A. 诺曼（Donald A. Norman）在苹果电脑公司提出了"用户体验"这个概念，当时其针对的领域主要是物质型的产品设计。诺曼在《情感化设计》（*Emotional Design*）中提出了体验的 3 个层次：以外观要素感知而形成第一印象的本能层；以用户在产品的使用过程当中，对产品的功能属性和可能性产生的感知为基础的行为层；引起使用者意识情感等高级感知、感受和导致用户在思想和意义方面的思考的反思层[1]。随着全球互联网和信息技术的飞速发展，用户体验的范畴不断扩大,特别是在互联网产品爆发的时代,更多的设计师意识到用户体验的重要性。交互设计、可用性测试都曾被看作用户体验的重要内容,甚至在一些设计师眼里,它们是可以互相替代的。相比传统的物质性产品,互联网产品的确对用户体验的依赖也更强,一些体验不好的产品很快被使用者放弃,设计出用户体验优质的互联网产品甚至成为其生存的目标。

在这些领域中,设计师对用户体验的理解逐步聚焦。在《交互设计精髓》里,艾伦·库伯(Alan Cooper)提出的交互设计的设计原则都是围绕用户体验的[2];在《用户体验要素》中,杰西·J.加勒特(Jesse J. Garrett)提出了用户体验五层次要素:战略层、范围层、结构层、框架层和表面层[3]。同时,设计开始广泛地关注心理学、社会学领域的知识和工具。比如,《心流》中的积极心理学,探讨了体验和体验过程中的愉悦感,提出了产生愉悦感的主要因素。通过引入这些学科的观点和工具,用户体验理论从根本上重构了设计思维。

> "我越是思考设计的本质,结合我最近与工程师、商业人士以及其他盲目界定问题的人所交流的经验中意识到,这些人都可以从良好的设计思维中受益。设计人员已经开发出来很多方法来避免陷入固有思维的误区,他们把最初的问题作为一个建议而不是最终的结论,然后更努力地思考这个问题背后真正的问题所在。"——唐纳德·A.诺曼

全球顶尖设计创新公司 IDEO 的首席 CEO 蒂姆·布朗(Tim Brown)认为,设计思维应当坚决地基于人们面临的问题产生全面而有力的理解,并涉及模糊或固有的主观性质的概念,如情感、需求、动机和行为驱动因素[4]。诺曼和布朗的观点都揭示了用户体验背后的思维是复杂的、综合的,对微观的个体到宏观的环境都产生影响,其文化性无法用简单的数理关系剖析。

关于用户体验定义很多。比较有代表性的是卢卡斯·丹尼尔(Lucas Daniel)提出的:"使用者在操作或使用一件产品或一项服务时候的所做、所想和所感,涉及通过产品和服务提供给使用者的理性价值与感性体验。"[5]

这里引出 IDEO 的一个设计研究的模型(见图 1-1),它解释了这家全球顶尖

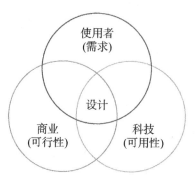

图1-1 IDEO关于"商业-使用者-科技"的设计理念模型

的设计咨询公司为何看重使用者研究。这个模型现在已经成为用户体验研究的主要基石。

在模型中可以看到,因为有商业市场,有利润,才会需要设计(可行性);因为有科技的发展,才可能将想法物化形成结果(可用性);而之所以有市场和利润,之所以需要技术去实现,都是源于使用者的需求。也就是说,如果没有使用者的需要,商业无市场,无利润,科技也只能躺在实验室或专利局虚度光阴。因此,研究使用者既是研究设计的源动力,也是研究设计的目的地。

早在2005年,新浪就对伊利诺伊理工大学设计学院院长帕特尔克·惠特尼(Patrick Whitney)教授进行过采访。他的观点也与之非常相似:"推动创新的力量有三种,一是科技、二是商业、三是用户体验。"在这一点上,北美的设计教育和设计实践一线战场——企业非常一致地奉行着同样的理念。从设计院校到业界,从高端研究到使用的市场,设计界已经把他们的目光投向使用者。

图1-2展示了从1950年到2050年的UX(用户体验,又名UE,User Experience)专业人数估计值(包含了对未来年份的推测值)[6]。

对用户体验行业发展速度抱有乐观态度的还有丹麦的设计公益组织IDF(Interaction Design Foundation)。在其发布的《用户体验基础》中指出,UX设计师是全球范围内正蓬勃发展的行业,从2010年到2020的十年之间,UX设计师的岗位需求将会增长13%。同时,参照纽约和旧金山等城市的数据,UX设计师的薪酬涨了11万美元[7]。

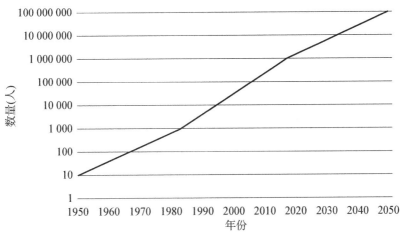

图 1-2　UX专业人员增长估计值(1950—2050年)

用户体验设计的范畴

用户体验设计包含了不同国家和地区针对使用者体验研究的不同尝试,比如,伊利诺伊理工大学设计学院(IIT)的用户研究(Use Research)和设计战略(Design Strategy),包括欧洲不少设计院校的设计管理、设计战略的内容,也包括目前国内一些设计的方向,如 UI(交互设计,User Interface)、UE、UF(用户友好,User Friendly)、可用性研究等。用户体验设计的核心在于,无论设计师做哪种设计,工业设计、室内设计、平面设计……它们都不再是设计师自己的灵感乍现,而是由一个团队,在设计开展之前,针对真实的使用者做出翔实的研究,真正地了解使用者所需,真正地从使用者角度出发,为他们考虑,然后再进行大胆地创新。这样的设计必定是没有成见的、破除条条框框的,也许它不一定眩目华丽,甚至未必在外表上有新意,但是它一定是站在使用者的角度,体贴使用者,让使用者方便、舒适和愉悦。

用户体验设计的内容可以是广泛的,它所涉及的方法和技术也多种多样。本书无法一一涉及。实际上,设计发展到今天,用户体验设计的影响已十分有力且涉及领域也十分广泛。我们相信,在中国的设计界提出用户体验设计这一概念,可以很好地帮助我们的设计师颠覆传统,做出具有中国特色的设计,在国际舞台上脱颖而出。

注释：

［1］唐纳德・A.诺曼.情感化设计[M].北京：中信出版社,2015.

［2］艾伦・库伯.交互设计精髓[M].北京：电子工业出版社,2008.

［3］杰西・J.加勒特.用户体验要素[M].北京：机械工业出版社,2011.

［4］Interaction Design Foundation. The basics of UX design [R]. Denmark：IDF,
2018.

［5］DANIEL L. Understanding user experience [J]. Web Techniques，2000，5(8)：
42－43.

［6］用户体验的百年展望[EB/OL]. (2018－08－09)[2019－10－04]. https：//
zhuanlan. zhihu. com/p/41608764.

［7］Interaction Design Foundation. The basics of UX design [R]. Denmark：IDF,
2018.

第二节　中国用户体验的发展

2005 年的中国设计

"(工业)设计有三个层面：第一个层面是对工程的辅助,第二个层面是造型和美学设计。中国目前处在第二个层面上……第三个层面是为更佳的用户(User,也可翻译为'使用者')体验而设计,中国的(工业)设计人员在这个层面上还罕有作为。"

——帕特尔克・惠特尼

帕特尔克・惠特尼教授,伊利诺伊理工大学设计学院(IID)院长,这位来自被誉为"全球顶尖设计的摇篮"的设计学院的院长,在2005年接受新浪记者采访时说了上面这段话。虽然,他这里主要指的是工业设计,但是事实上,这种现象当时在我国的各个设计领域中都有一定体现。

2011 年的中国设计

2011 年,广州美术学院刘毅老师在《包装工程》上撰文《中国市场中的用户体验设计现状》指出:

> 设计进入中国已经有 20 年的时间。20 年前,在中国没有人会谈"用户体验"……20 年后,这个概念在大多数中国企业家的观念中依然没有改变。他们并没有随着时代的变迁而升级对'设计'概念的理解,还是停留在美工的阶段。

中国设计师最初的名称就叫美工。美工是一个介于美术和工程师之间的一个模糊称谓。在企业里,设计师最初的定位就是将产品进行美化。比如在产品完成之后,提升产品的外观。确切来说,作为一个美工,他的工作是在产品开发完成以后,不会决定产品的功能,更不会决定产品的制造和工艺。相反,他往往受到这些方面的约束。美工在产品开发中是缺少发言权的。随着我国经济的发展,人民的物质生活逐步丰富,产品开始供大于求,出现过剩。美工也逐步转变成为设计师。设计师开始切入市场开发,他们学习市场学,从营销部门获取市场需求,应对产品同质化的局面,积极用创新拓展新的可能性。

许多企业开始意识到,用户体验设计可能成为企业产品战略的新突破口。对于中国的设计来说,从"美工"到"用户体验设计"的变化过程是设计的对象从"物"到"人"的过程。通过用户体验设计,人成为设计的核心要素[1]。

2019 年的中国设计

2019 年,国际体验设计委员会(IXDC)在《2019 中国用户体验行业调研报告》中,选取了 6 289 位从事用户体验相关工作的人员参与调查,工作地点包括北上广深、新一线主要城市和二三线及以下城市和地区,这些被访者来自阿里巴巴、腾讯、百度、网易、京东、华为、富士康、小米、亚马逊、微软中国、唯品会、携程、爱奇艺、小红书等 1 000 多家大中小型企业。

从"用户体验从业人员所在各领域的比例"（见图1-3）可以看到，用户体验从业人员主要集中于互联网公司，其他比例较高的主要是服务型的行业。与互联网公司相比来说，传统行业拥有用户体验从业人员的比例依旧较低。

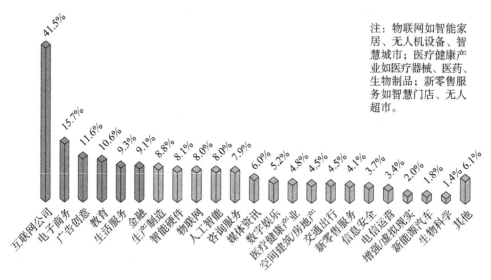

注：物联网如智能家居、无人机设备、智慧城市；医疗健康产业如医疗器械、医药、生物制品；新零售服务如智慧门店、无人超市。

图1-3 用户体验从业人员所在各领域的比例

通过"用户体验团队在大中小企业的独立状况"（见图1-4）可以看到，用户体验部门主要存在于大型企业，中型企业拥有独立用户体验部门和专门的岗位比例基本低于20%。在中国绝大多数的小型企业中，专门的用户体验岗位很少。

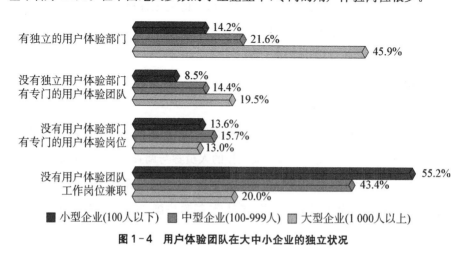

图1-4 用户体验团队在大中小企业的独立状况

体验经济与大数据

体验经济的传统企业

经历过产品经济、商品经济、服务经济之后,我们迎来了体验经济时代。确切地说中国的市场是商品经济、服务经济和体验经济并存的一个混合市场。在体验经济时代,消费者不再是接受者,反之,他成为市场的决定者。企业深挖用户的体验创造商业价值,传统的销售方式不再能满足这个时代,体验式的消费成为主体。根据 2016 年新华社的报道,从 2012 年到 2015 年,实体零售速度增长放缓,从 10.8% 跌落到 −0.1%。但与此同时,马云在 2016 年的云栖大会上表示,纯电商的时代过去了,必须线上线下一起做。联商新零售顾问团秘书长云阳子认为:"传统零售要真正走出商业困局,应该溯源归因,不仅仅是方法和技术的层面,还要上升到经营哲学层面,才有可能迈进新零售。经营哲学的落地,就是企业经营模式;传统零售与新零售的经营思维不同:传统零售是以企业效率为中心的经营模式,新零售是以用户体验为中心的经营模式。"[2]

目前,互联网企业在用户体验方面发展较快,积累了不少经验,许多产品趋于成熟,从设计方面来看,同类产品功能结构趋同,很少有大创新。但是,互联网产业虽然用户人数众多,但总体经济占比并不高。大量的产业仍然以传统企业为主,在信息时代,几乎所有的行业都需要升级。与有一定成熟度的互联网产业相比较来说,传统企业转型多从零基础开始,仅将产品搬到线上平台销售,这非真正的互联网化,所以还是需要从源头开始。让企业深入了解用户使用产品的真实场景,剖析用户的需求,为其构建适合情景的使用方式。

大数据背景下的用户体验

大数据通常形容一个公司创造的大量、多样且真实的非结构化数据和半结构化数据。例如百度移动用户体验团队(MUX)提出利用大数据解决用户体验设计的实际问题的方式。在设计前期,将定性研究的结论进行大数据验证,或挖掘用户行为规律,优化设计。上线后,通过大数据与用户主观评价结合,精准评估设计方案。最终通过大数据的变化,发现设计的问题[3]。

然而,随着数据积累,越来越多的互联网公司在设计调研的数据采集阶段,更多地使用大数据,而非通过大数据来验证前期定性研究的假设。跳过定性研究的风险是,公司拥有的数据来自用户的使用行为,也就是基于现实产品设计完成后的用户使用。这样,产品设计的问题很容易通过数据监控获得,用户使用习惯和规律也可以从数据上观察到,甚至一些独特的使用方式可以为产品创新提供启发。但是,产品尚未拥有的功能,用户未满足的需求,完全与现有产品不同的结构和思维等,这些是无从通过积累的数据获得的。为了提升效率而紧盯着数据,企业失去真正的创新机会。因此,用户体验团队在快速、高效地进行产品迭代的同时,也要不时回到问题的根源,去寻找新的创新的可能。而富有丰富生动的文化内涵的定性研究,如人类学人种志调研就可以使设计焕发新的勃勃生机。

注释:

[1] 刘毅.中国市场中的用户体验设计现状[J].包装工程,2011,32(4):70 - 73.

[2] 佘碧蓉.体验经济下基于用户体验和大数据的新零售商业模式探究[J].电子商务,2018(2):11 - 12.

[3] 百度移动用户体验部.方寸有度:百度移动用户体验设计之道[M].北京:电子工业出版社,2017.

第三节 当代中国用户体验设计流程

2019 年的中国,用户体验实践集中的领域是互联网,当下最有名的互联网公司还是 BAT,即百度、阿里巴巴和腾讯。因此,选取这 3 家互联网界的"大厂"(互联网龙头企业)作为代表,探讨中国的用户体验发展。

研究方法主要以文献和专家访谈为主。因为各个大厂拥有众多设计团队,不同团队的方法有一定差异,所以,无法用一种流程代表某个公司。另外,各公司对核心工作方式的对外宣传是很谨慎的,作为公司重要竞争力的设计研发过程也属于此范围。在此,仅能够将部分团队的一些思考,以及公司通过网络、书籍、大会分享等方式对外发布的设计流程和工具列举一二,不能完全代表该公司。不过,读者还是可以从中看到各公司的风格差异。

腾讯用户体验

腾讯设计团队分别在 2013 年和 2015 年出版了两本书。书中介绍了他们的用户体验工作流程。

2013 年的《在你身边,为你设计》介绍了腾讯用户体验团队 CDC 当时的设计流程(见图 1-5)。腾讯 CDC 成立于 2006 年,前身是 QQ 设计组,是腾讯历史最悠久的

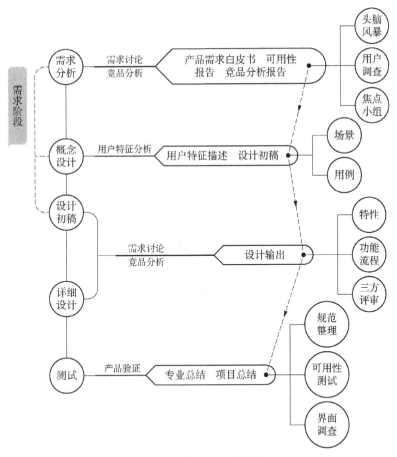

图 1-5 腾讯 CDC 工作流程

设计团队,也是腾讯当时唯一的"公司级"设计团队。CDC坦言,设计流程是嵌套在产品项目开发当中的一个环节,但它同时具有自己的独立性,又能够很好地上下衔接。

在书中,杜健的《一站式创新设计》一文,介绍了团队另外一套,通过非常高效沟通与迭代使得设计不断与原型进行融合的开发流程——一站式创新流程(见图1-6),图片上方是团队原来使用的流程[1]。

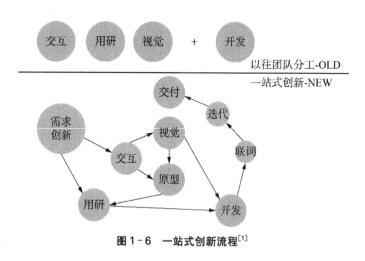

图1-6 一站式创新流程[1]

书中第一篇是钟磊的《沉浸其中做设计》,特别强调了需要接近真实用户的日常生活,"要融入和沉浸到这些购买、使用、爱着或恨着他们产品的用户的生活中。"可见当时CDC团队非常注重深入用户的真实使用场景采集数据。

2015年的《腾讯网UED体验设计之旅》介绍了当时用户研究适用的阶段(见图1-7)和网媒产品常用的7种用户研究方法(见图1-8)——问卷法、可用性测试、眼动测试、用户访谈、焦点小组、用户画像、数据分析。从其对工具的维度分布

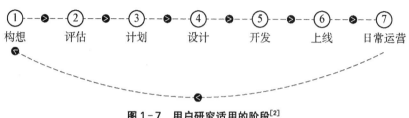

图1-7 用户研究适用的阶段[2]

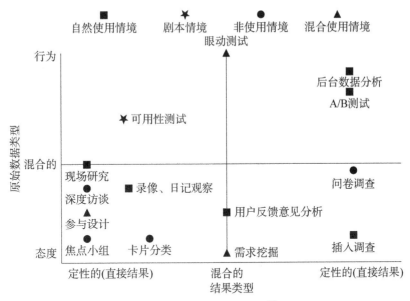

图 1-8 7 种用户研究方法[2]

图谱中,可以看到其方法更偏实验性和定量性,而未强调进入实地去感受真实用户的行为、场景和情感[2]。

阿里巴巴用户体验

阿里巴巴是一个非常庞大的集团公司,集团内部独立的产品非常多,所以设计团队差异很大。本次选取的是阿里巴巴的 1688UED 团队发布的"五导家"。借此代表阿里系倡导的用户体验体系(见图 1-9)。

在五导家体系里,首先阐明的是"设计目标不是用户体验目标(用户诉求)"这一理念。设计师还需要考虑其他问题,如业务角度在价值提供上的取舍、实现角度在策略展开上的限制与约束等。五导家的步骤有五步:

第一步"明确业务诉求"。它包含了明确目标用户、找准为目标用户带来什么样的价值、确定将用户价值变现的方式以及怎样落地。

第二步"洞察用户诉求"。确定目标用户的特征、使用产品的情景、用户追求什

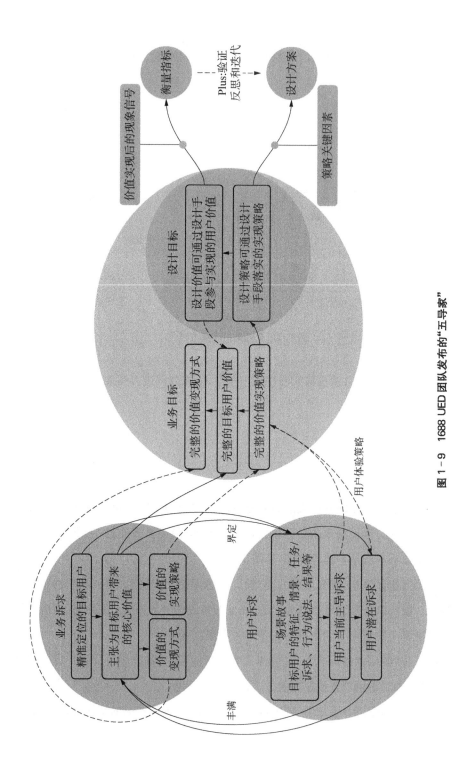

图 1 - 9 1688 UED 团队发布的"五导家"

么样的目标、完成目标的行为和结果,分清哪些是用户当前的主导诉求以及哪些是用户的潜在诉求。

第三步"定义业务目标"(聚焦设计目标)。所谓的业务目标,就是寻找一种方式,针对用户诉求,使用户实现其价值,从而达成变现。设计目标则是通过某种策略,给目标用户带来某种价值以帮助变现。通常设计目标要结合其他的用户价值实现才能最终达成完整的用户价值变现。

第四步"设定衡量设计目标的数据指标"。遵循 VSM(Value-Signal-Metric)的多数据指标衡量推导思路,寻找反映设计价值变化的数据指标。

第五步"根据设计目标构建设计方案"。遵循 SKS(Strategy-Key factor-Solution)的推导思路,即在明确了设计策略之后,挖掘出决定策略效果的关键因素,从此延伸出设计方案。

在这五步之后,设计师还需用设定好的数据指标去评估设计方案是否有效并迭代改进[3]。

从阿里巴巴"五导家"的体系当中可以看到,业务诉求与用户诉求两者有明确的区分。设计目标作为业务目标的一部分,最终服务于如何让用户的价值变现。"五导家"所展现的商业公司属性非常明确,公司希望以数据指标来评估设计的价值。

百度用户体验

百度移动用户体验部(MUX)成立于 2009 年,是百度的核心部门之一。他们在 2017 年出版了《方寸有度:百度移动用户体验设计之道》一书。

邬小龙、秦漠在《洞察你的用户——人群研究》中指出,人群研究是针对某个特定的人群进行的比较系统全面的研究和解析,包括用户的经验、习惯、能力和核心需求。常常涉及多种调研方法,有着难度高、时间长,投入大的特征。在"农民工移动互联网生活调查"题目中,MUX 使用的研究方法有实地走访、问卷调查、深度访谈、生活日志和管理层访谈(见图 1-10)。在"吐槽频道"项目中,使用了问卷调查、用户行为数据、线上主流平台人群分析和观察分析归纳(通过关注目标人群常用的信息渠道,提取用户行为数据、了解兴趣偏好)等方法[4]。

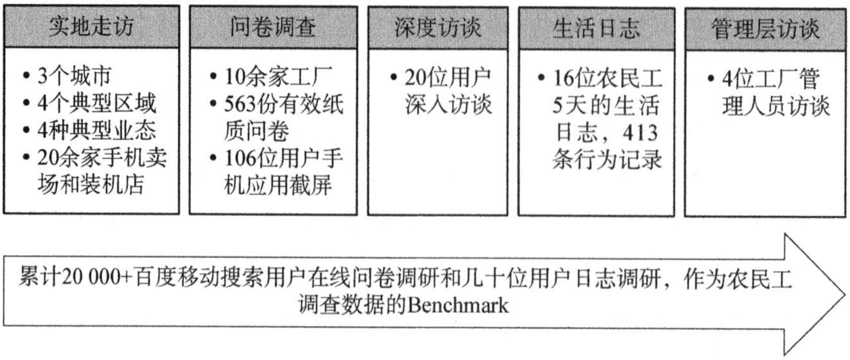

实地走访	问卷调查	深度访谈	生活日志	管理层访谈
• 3个城市 • 4个典型区域 • 4种典型业态 • 20余家手机卖场和装机店	• 10余家工厂 • 563份有效纸质问卷 • 106位用户手机应用截屏	• 20位用户深入访谈	• 16位农民工5天的生活日志，413条行为记录	• 4位工厂管理人员访谈

累计20 000+百度移动搜索用户在线问卷调研和几十位用户日志调研，作为农民工调查数据的Benchmark

图 1-10 MUX"农民工移动互联网生活调查"使用的研究方法

另外，从百度 QUX 用户研究团队负责人罗莎的演讲中可以看到，该团队针对不同类型的项目，采取了不同的工具组合（见图 1-11）。团队还针对不同的市场将各种工具的适用性进行了梳理（见图 1-12）。可以看到百度团队的项目周期是比较短的，因此在所有的工具当中，基于数据的采集、分析和测试的作用，越来越突出。耗时耗人力的实地调研应用的较少，因为百度这样的互联网公司已经积累了大量的有关数据，公司可以从数据中观察用户的行为，获取创新的依据[5]。

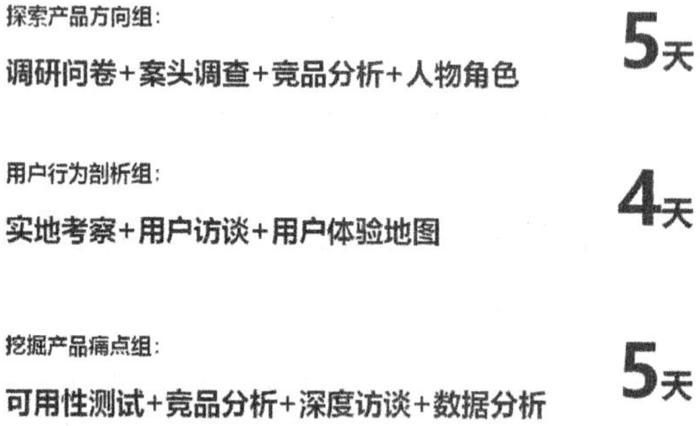

探索产品方向组：

调研问卷+案头调查+竞品分析+人物角色　　**5天**

用户行为剖析组：

实地考察+用户访谈+用户体验地图　　**4天**

挖掘产品痛点组：

可用性测试+竞品分析+深度访谈+数据分析　　**5天**

图 1-11 百度 QUX 用户研究团队不同组的研究流程

其他如中国用户研究社群"UXRen"也曾总结了《20 种用户研究方法，总有一款适合你》，并绘制了"用户研究方法地图"。将常见的定性方法在"态度—行为、定性—定量、使用场景"三个维度上进行分布形成维度图（见图 1-13）。

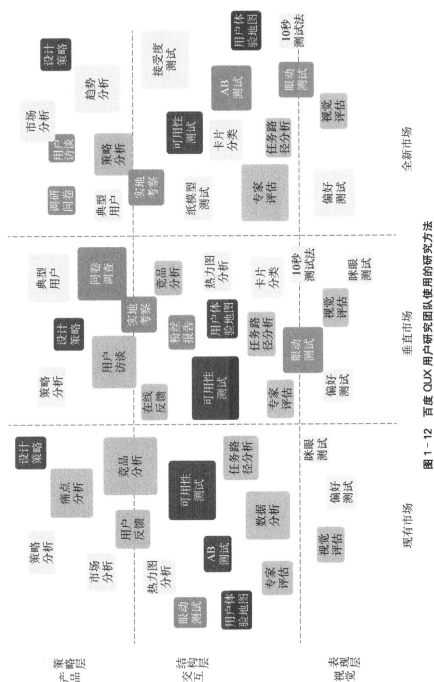

图1-12 百度 OUX 用户研究团队使用的研究方法

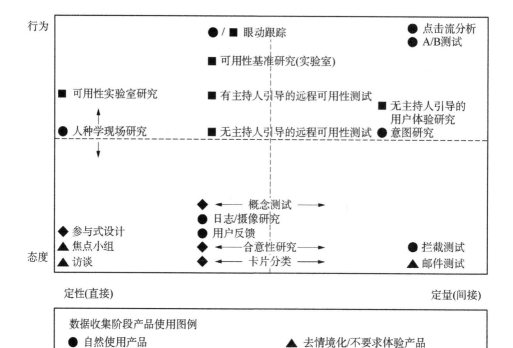

图 1-13　定性方法在"态度—行为、定性—定量、使用场景"三个维度的分布[6]

从 BAT 用户体验团队所使用的流程与方法中可以看到,当代中国各家用户体验团队已经形成丰富多元的体系。大多数的研究方法都能够恰当地选取、应用在不同类型的项目中。各个公司由于其公司的属性差异,其用户体验的方式方法和目标也各有侧重。随着 BAT 可以获取大量的用户在网上的行为数据,不断积累数据,同时因为庞大的公司当中业务属性的项目越来越多,其周期通常较短,基于敏捷开发的经验和抓进度、压缩上线周期的压力,其团队对真实用户的实地调研正在日益减少。

近年来,互联网产业整体的发展步伐减缓,加上国际经济的影响,整个行业趋于瓶颈,即使是蒸蒸日上的大厂也在裁员和减少招聘。但同时,中国互联网公司发展迅速,前方并没有更多的国际化的公司可以效仿,这迫使中国的互联网需要寻找自身的创新之路。进入中国的创新时代,基础性或工具性的产品已经逐步开发完成,再求创新更多的是从文化源头上去寻找。而文化的探索之路,需要回归生活和现实世界本身。如何利用社会科学的工具,如人类学,帮助设计走出新的天地是今天值得思考的问题。

另外,互联网虽然引人注目,但我国的产业经济主要依赖大量的传统企业。对于传统企业,他们没有互联网公司积累的数据,在其转型的过程中,必须勤恳地从基础开始,回归用户研究本身,走到使用者身边,实地沉浸在他们的真实环境中,从头认识使用者所看到的世界。而打开现实世界的大门正是用户体验调研的初心。

注释:

［1］腾讯公司用户研究与体验设计部. 在你身边,为你设计[M].北京:电子工业出版社,2013.

［2］任婕.腾讯网 UED 体验设计之旅[M].北京:电子工业出版社,2015.

［3］阿里巴巴 CBU 设计. 五步推导,让你成为体验设计专家[EB/OL].(2015 - 12 - 29)[2019 - 05 - 31]. https://zcool. com. cn/article/ZMzgxMDcy. html.

［4］百度移动用户体验部.方寸有度:百度移动用户体验设计之道[M].北京:北京电子工业出版社,2017.

［5］罗莎.快节奏下如何掌握"敏捷调研"策略[EB/OL].(2019 - 12 - 18)[2019 - 10 - 08]. https://myslide. cn/slides/7203.

［6］宝珠.20 种用户研究方法,总有一款适合你[EB/OL].(2018 - 04 - 18)[2019 - 10 - 06]. https://uxren. cn/? p＝59285.

第四节　用户体验与人种志

身处国际经济紧张的大环境中,中国的产业"必须从国情出发,走中国特色的社会主义道路"。其面临的正是需要"解决人民日益增长的美好生活需要和不平衡不充分的发展之间的矛盾"[1]。作为中国创造的主力,设计师需要在模仿西方创新的历史阶段之后,走出一条基于本土文化的创新之路。而文化的创新始于我国民众真实生活的洞察和挖掘。回归到用户体验起始的源头,重启对用户的最基础的调查,沉浸到真实用户的真实使用环境,理解这些现象背后深刻的文化属性,洞悉其内在的社会规律,才是用户体验给产业赋能、帮助传统企业转型、解决时代困境的最有力的方式。人类学、社会学、心理学等社会科学的方法,在大数据时代历久弥新,并可以有力地焕发新生。其中,在用户体验发展初期就做出卓越贡献的人类学的人种志方法,在中国的行业实践中还未被深刻认识到其价值。人种志最擅长的领域,恰好是文化探索,也是今天的设计师们需要回顾和深挖的。

人类学

Anthropology(人类学)一词,来自希腊语词汇 Anthropos(人)和 Logos(研究)。如果简单地从字面来看,它指所有关于人类的研究。清华大学人类学研究所的网站上有人贴过这样一条注解,戏谑地说人类学是一门研究为什么人作为一种生物会有这么多各式各样的社会与文化表现的学问,这也不失为一种轻松的解释。人类学隶属社会科学范畴,是社会科学的重要分支。

人类学家在研究中多以实地研究为主,并广泛使用研究分析过程中的对比方法,比如本土文化和目标文化的比较。对于目标研究对象的研究,人类学家相当看重原始素材的收集,并在分析过去和现在文化形态时采用跨文化视角。

人类学的研究主要内容是关于文化。人类学者认为文化是"……一个复合体,它包括人作为社会成员所获得的信仰、艺术、道德、法律、风俗以及其他能力和习惯"。为了研究人类不同种族、不同地域的文化差异,人类学家需要深入研究对象的生活,从中提取素材,寻找第一手资料。

通过人类学的研究,人们知道文化存在多样性,只有学会尊重他族文化,才可能去理解和接受。这对于设计很有意义。比如,当今的中国正从国际工厂变为国际市场,有许多国际大公司都希望让产品出现在中国市场上。那么他们首先需要做的是对中国文化的了解和分析,这样才能选择和设计出适合中国市场的产品。同样,为什么境外建筑设计师的方案可以中标,但到了施工图阶段总是需要本土设计公司的配合? 这里的原因也是源自两种文化的差异——按国外的标准造房子在中国不一定行得通。

人种志

人种志(也译为民族志、俗名志),其英文对应词为 Ethnography。其中 Ethno 意指一个民族、一群人或一个文化群体。而 Graphy 是绘图、画像的意思,所以,Ethnography 的含义便是"人类画像",并且是一种同一族群当中人们"方向或生活"的画像。Ethnography 原为社会人类学者以参与观察的方法,对特定文化及社会收集制作资料、记录、评价,并以社会或人类学的理论,来解释此类观察结果的一种研究方法。在质化研究中,人种志研究成为社会研究的一种普遍的途径,它被许多学科或应用领域所采用,如社会与文化人类学、社会学、人类地理学、组织研究、教育研究与文化研究等。其源自对量化研究方法长期支配大多数社会科学的立场及应用社会研究领域的幻灭。而人种志研究普遍又称为"人种志研究"或"民族志研究"。

人种志是人类学者主要的研究方法之一,形成于 19 世纪末 20 世纪初。早期的人类学家对某一原始民族的研究与现在的设计师很相似,大多依靠二手资料。所不同的是当时的二手资料不是现在的互联网、书籍和其他各种媒介,当时的二手资料主要是传教士、旅行家等人的书面或口头叙述。直到 20 世纪,英美等国的人类学家才开始提倡到现场去,和研究对象生活在一起。自此,人种志走向唯物论和实证哲学的方向。

人种志研究主要依赖人类学家到实地去了解或者参与目标种族或团体的生活,通过观察、访谈等方式理解或解读这个种族或团体的生活方式。作为人种志的研究,它会通过叙述目标种族或团体如何行动、如何交互作用、如何建构意义、如何诠释,而后发现他们的信念、价值、观念和动机等,而且要从团体成员的观点出发,来了解这些信念和价值如何发展和改变。人种志的主要目的就是了解当事人眼中的另一种生活方式。从当事人的视野角度看他们自己的生活及文化并主张与研究对象生活在一起。设计,引入人种志的目的就是借用人种志的研究方法来让设计师了解真实的使用者的生活、行为、需求,乃至价值观、信念。

它的过程有几个方面。最初是收集资料,人类学者进入目标人群(可能是某个部落或是某个民族)中去,并停留一段时间。他们通过参与目标团体的日常生活和各种活动,仔细地观察、访谈并记录下所见所闻。因为这些资料都必须取自目标团体的生活现场,所以这个阶段的工作又叫"田野调查"(Fieldwork),这种工作法也就称为"田野调查法"。当资料收集到一定程度,人类学者将这些素材整理,用尽可能详尽的笔调描述、说明所观察到的这个人群文化的整体生活、态度和模式。他们的描述和说明将成为其他学者或读者了解该人群文化情况的一种途径,并且也用于表达人类学者的个人观点和理论依据。因此,人种志既包括田野工作的整个过程和方法,也包括从田野工作获得的资料和据此最后形成的研究结果。

人种志与用户体验设计

在此,提取马尔库斯(Mawcus)和库斯曼(Cushman)针对马林诺夫斯基(Malinowski)和他那个时代的民族志,即"现实主义民族志"总结出 9 个撰写的特点,进行设计的解读和引入。

(1)"其叙述结构是全貌的民族志,逐一考察文化的组成部分或社会组织,提供关于各方面的详细图表":对于用户体验设计而言,需要对使用者进行分群,并理解不同群体之间的关系。

(2)"作者不是以第一人称形式出现,而是作为一个权威叙述者在叙述客观事实":研究者在用户体验设计中,也以旁观者身份尽量客观地呈现和分析事实。

(3)"个人的存在通常被埋没了,取而代之的是创造了一个规范的角色模型":用户体验设计需要研究者抽象出不同类型使用者的模型,并以角色的方式表达。

(4)"提供地图、图表和照片作为'真的到过那里'的象征物":这些方式对于用户体验设计同样重要,不仅是分析数据的基础,也同样可作为结论表达时的一种真实而强有力的证据。

(5)"分析时空坐落或发生的事件,从而来表述真实生活细节":通过与 When 和 Where 相关的事件描述,将使用者、行为和环境串联起来,以故事的方式展现不同类型使用者的差异。

(6)"提供资料,并忠实地表述当地人的观点":通过添加引语,赋予使用者分群更强的描述效果。

(7)"写作风格趋于一般性的描述,而不是对个别事实进行细致的探讨,被研究的个别事项很少有个性,而是具有典型性":用户体验的研究者通过个体的经历,寻找贡献,突出典型的行为流程对设计的要求。

(8)"使用专业术语":用户体验设计也会使用。

(9)"对土著概念加以注释":用户体验设计研究者在使用者场景中提炼使用者对本地的理解和独特的符号,如黑话、身体姿态等带有隐喻的概念,并进行解释。

研究目标

在人种志的研究开展之前,研究者常设定这样 6 个问题作为研究的目标,它们是 Who、What、Where、When、Why、How。

它们具体的含义为:

Who:在现场中有谁? 他们的身份为何?

What:在此发生了什么? 这些人做了什么?

Where:现场位于何处? 有什么自然环境? 环境中的空间分配及物体摆设为何?

When:团体在什么时候接触? 参与者如何看待他们的过去及未来?

Why:为何该团体运作方式是如此? 参与者的互动方式为什么以这种形式出现?

How:发生事件的关联性如何? 组织发生变化时该如何处置?

这些问题同样可以在用户体验的研究目标设计中得到借鉴,可以将其修改为:

Who:谁是真正的使用者? 他们是怎样的人?

What:在此发生了什么? 使用者做了什么? 使用的流程是怎样的?

Where:真实的使用环境位于何处? 环境中的空间分配及物体摆设为何?

When:使用者在什么时候使用产品/服务? 通常使用多长时间? 频率如何?

Why:使用者为何使用产品/服务? 为何来到这个环境?

How:在整个事件发生的过程中,人们的关系是怎样的?

注释:

[1] 习近平.决胜全面建成小康社会 夺取新时代中国特色社会主义伟大胜利[M].北京:人民出版社,2017.

第五节　田野调查

概要

　　"田野调查"是国内大多数学者对 Fieldwork 的翻译,在我国港台地区的论文翻译中也有译作"田野工作"的。但如果引入设计界,诸如"现场考察"或"实景调查"的词语解释可能会更恰当些。一方面,在英文里,"Field"一词本来也有"实地"或"现场"之意。另一方面,事实上,无论对于人类学家还是设计师,真正需要去田野的时候并不多,之所以用 Field 这个词恐怕主要是强调研究者工作的场所不是实验室、办公室,而是研究对象所处的真实环境。无论怎样,"田野"这个词有点歧义,听起来还是挺奇怪的。不过,因为"田野调查"这个词已经被不少学者引用,并被大家接受为专指人种志的研究方式,所以本书中依旧沿用这个词。

　　田野调查作为人类学最基础的研究方法,也是非常早期的一种经典的工具。最初提出这种方法的是马林诺夫斯基,在 20 世纪提出并推动形成"田野调查革命"。

　　经典的人类学田野调查,包含了两种活动:一种是研究者进入一个他不熟悉的社会场景,参与场景里面的日常生活,和里面的人互动建立关系,观察正在发生的事情,并试图去理解身处其中的人,这种方法往往称为参与性观察;另一种活动是研究者笔记的方式,在自然状态下观察、记录目标对象的相关情况,如行为、态度、相互关系和语言等,这种活动称为田野笔记。在人种志调查工作中,"田野调查"会贯穿整个研究过程。

沉浸

　　传统的研究者一直认为,在田野调查中,理想状态是研究者谨慎地与被研究者保持距离,他们不介入世界,不给予被研究者建议,呈现出高度的边缘化,这种状态接近于非参与性观察。在整个过程中,研究者只能记录观察,一般不适合控制变量、模拟或把某种外部要求强加于目标对象。也就是说,研究者不能影响目标对象的真实生活。

许多当代的田野工作者,也提出应该高度参与事件。这样研究者只有直接体验他人的生活,深度进入他人的日常空间中,才能接触到被研究者生活的核心。田野调查鼓励研究者能够将被研究者的社会生活作为一连串动态和可参与性的过程。这样才可以使得研究者沉浸在被研究者的生活场景中,唤起同样的情感感受,深度理解被研究者的价值观。通过沉浸,研究者可以观察被研究者有着怎样日常规律性的活动、行为,他们认为最有意义的东西以及他们怎样去交流。人类学家认为,研究者通过这种再社会化来适应被研究者,可以加深与被研究者的交流并提升研究者的敏感度[1]。

对于基于人种志的用户调研来说,沉浸也非常重要。研究者需要进入真实的使用者使用产品的环境中去,看到"人、产品和场景"的关系,观察真实的使用者的行为,观察活动发展的过程,观察行为与产品的互动以及行为与产品和环境之间的关系。这种沉浸式的田野调研有助于研究者理解使用者,从而将观察的客观数据转换成为理解使用者背后的动机甚至价值观的结论。

进入和选样

人类学家进行田野调查的最初,常常伴随着广撒网式的取样。在研究之初,研究者还不是很清楚,研究的对象具体是什么样的人。往往只是知道大概的范围,这个范围可能是人群的模糊特征,可能是活动发生的场所,也可能只是行为出现的时间。当研究者将自己置身于这个场景中时,或者随机接触目标用户群,田野调查即宣告开始。

人种志调研同样强调在开始之初研究者只能有一个疑云问题。这个问题的模糊性非常重要,可以是前文当中关于人、时间、地点或者行为的一个概要的描述,也可以是诸如"了解上海地铁的用户体验和更新的可能"这样的一句话。

针对边界相对清晰的研究主题。人种志学者,更希望由研究对象团体的某一成员介绍进入这个团体。大多数被研究者对研究者本身并没有兴趣,贸然闯入可能带来糟糕的结局。所以媒介人非常重要,他使得研究者进入现场时能获得基本的信任。如果媒介人是这个群体的领导、教师、指导者则更好,这将会更有助于研究者顺利地展开工作。群体成员会将对媒介人的信任转移到研究者身上,这在心理学里叫作"晕轮效应"(Halo Effect)[2]。但同时研究者要意识到,这种晕轮效应也可能会带来不利的一面。比如在一个研究学生宗教信仰的项目中,由老师介绍来的研究者与学生进行交谈时,发现学生三缄其口,只提供一些非常片面的信息。研究者无法深入学生真实的想法中。因为学生认为由老师介绍来的研究者,是站在老师的立场上,无法理解和尊重他们的感受,学生们拿出了对待老师的态度将研究者排除在圈外。所以如果将研究者引入被研究者团体的人是非常强势而重要的人的话,研究者也可以尽快确定自己的独立性,切断与介绍人的关系来获取被研究者的信任。

研究者最开始进行田野调研时的选样可以保留一定的模糊性和开放性。在对整个事件的了解还比较浅的情况下,研究者不必急于找到一个具体的研究对象进行深挖。可以作为旁观者,身处在真实的场景中,全面地观察使用者。通过一段时间的观察,可以看到使用者之间的差异,对事件的过程也有了一定的了解。之后再针对不同的被研究者的选样进行初期的全面观察,这样能增强后续采样的针对性以及提高工作效率。

田野笔记

记录田野笔记和撰写人种志报告是不同的。

田野笔记是指研究者在观察和访谈等收集资料的阶段进行的记录。它不仅仅包含了记录客观发生的事实,那些研究者自己的感受和初步分析也同样重要。田野调查工作是辛苦的,白天进行了数个小时的观察或者是深入的访谈之后,有时晚上还要疲于进行当天的记录整理。但是记忆消失得非常快,最好进行田野笔记的时机,恰恰是田野调查结束后的数小时。在调查当中,研究者沉浸在被调查者的真实环境当中,大量的情感感受涌上心头。特别是作为初学者在调研的过程中来不及做很多笔记,调研结束后的数小时,如果能够迅速记录当天的工作,将会最大限度保留那些沉浸其中的感受[2]。

调研当场的速记也属于田野笔记的一部分。训练有素的研究者,在现场可以记录下大量的内容。在观察或者访谈前列出提纲非常有助于快速而准确地记录现场的信息。研究者只需迅速将几个关键词写在相关的提纲附近,这些词可以是文字,也可以是一套所有成员达成共识的符号。现场的笔记还能够帮助研究者进行深挖。比如说在访谈过程当中,使用者提到某一事件,其中的一个细节引起了研究者的注意,让他猜测使用者可能怀有某种价值观。但是为了保证使用者陈述的流畅性,研究者不能要求使用者在那个细节处停顿。但他可以把这个细节记录下来,用文字用符号甚至图画等任何他自己可以看得懂的方式。然后在后面寻找机会,再提起这个话题,深挖使用者并进一步了解事实的真相。

田野笔记的底稿,除了打印调研的提纲,还需在每一个问题后留出足够的空档,笔记可以进行分栏。分栏的目的主要是区分记录客观性事实信息,主观性的研究者感受、想法,或仅仅是做个记号。

注意及时将田野笔记与其他的调研手段产生的文件,如照片、录像、录音进行关联,做好编码,并确保填入研究者的姓名是真实有效的。田野调研会在短时间内产生大量丰富的资料。对于多人进行的团队来说,这些管理工作可以保证在未来分析数据以及调取原始素材时,不会遇到巨大的困难。

撰写人种志报告在设计调研中不太必要。设计调研对人种志采集的数据进行分析,形成设计更新或创造的依据。在设计调研中,将以"设计方案"和"测试"呈现。

注释:

[1] 罗伯特·埃默森,雷切尔·弗雷兹,琳达·肖. 如何做田野笔记[M]. 符裕,何珉,译. 上海:上海译文出版社,2012.

[2] 大卫·M. 费特曼. 民族志:步步深入[M]. 龚建华,译. 重庆:重庆大学出版社,2013.

第六节　基于人种志的螺旋模型

人种志研究的流程

人种志的研究通常有三个步骤：首先通过田野调查获取一手资料；其次对相关资料进行整理分析和解释，提炼精华；最后撰写民族志，形成理论证明[1]。对于设计调研来说，前两个步骤都是相同的，只是在第三个步骤上有所不同。设计项目通过原始材料的分析与总结，形成对未来设计创新的依据。

在多娜尔·卡堡(Donal Carbaugh)和萨莉·海斯廷斯(Sally Hastings)的研究方法中，将人种志研究详细分为四个步骤：

(1) 确立研究主题及其基本取向，形成假设；

(2) 确定所观察的行为的层次和种类；

(3) 研究者对其研究的具体文化现象进行理论化；

(4) 研究者回顾他所运用的整体性的理论框架，用具体的个案来验证他。

这四个步骤可以简化为：主题假设、行为归纳、模式建构和结构检验。对于用户体验设计的调研来说，这一流程也有一定的启发。在引入人种志的设计调研中，第一个阶段类似人种志研究，还是以界定主题和确定研究范围为主；然后，研究者在第二个阶段通过田野调查法结合一些其他工具进行素材的采集；第三个阶段是对所有的数据进行整理；最后一个阶段是设计产生的阶段，首先根据第三阶段形成的结论，提出设计的假设，要求严谨的项目中还包括定量的验证，比较宽松的项目可以直接产生设计的原型，以此做用户的测试，在评估后结合结构和制造等决定设计的最终方案。

基于人种志的设计调研的四个基本阶段

汲取人种志的精髓，把它作为设计研究方法的基石，制订出用户体验的研究方式：基于人种志的设计调研（以下简称"人种志调研"）的研究流程（见图1-14）。

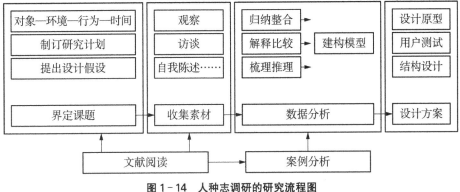

图1-14 人种志调研的研究流程图

人种志调研的基本研究流程包括四个部分："界定课题""收集素材""数据分析""设计方案"。

特别需要注意的是前三个阶段，由于人种志调研是真正地把设计立足于使用者，它最后产生的设计是真正来自对使用者的了解和关心，是特别针对使用者的需求所作的设计，所以设计师在开始设计之前必须经过对使用者的研究。这个过程框架的形成一定程度上来自人种志，但是它的结果是为了形成之后的设计阶段的指导，而非人类学家所关心的文化等。

对于人类学家提出的前面的四个问题，也就是 Who、What、Where、When，在设计中，应该在设计的最初阶段，也就是"界定课题"阶段，初步设定并在后续调研中逐步深化。后面的两个问题 Why、How，主要在"收集素材"和"数据分析"阶段解决，它们是了解使用者行为的动机和事件的关联性的关键。

界定课题

在人种志调研之初，界定设计研究的定义、范畴、对象等一系列相关概念很有必要。除了像传统设计师一样仔细研究甲方要求，人种志调研者将着重研究真实的使用，因此，对于这个方面的研究就可以借鉴人类学的四个问题，即 Who、What、

Where、When,在人种志调研中,将它们转变为以下四个方面的界定:

(1) 确定真实的使用者;

(2) 确定真实的使用行为;

(3) 确定真实的使用环境;

(4) 确定真实的使用时间。

当然,作为设计研究的起始阶段,设计师不仅要制订一系列的研究计划,还需要先行提出一些设计假设(类似于人类学者提出的疑云问题),引导设计的走向。这些设计假设往往是基于一些短时间的、浅层的前期小型预调研后形成的,这些假设不是一锤定音的,它们需要在后面的研究过程中不断修正。

收集素材

这是田野调查法最主要的阶段。设计师进入目标使用者的生活中去,并观察了解使用者。他们通过参与使用者的日常生活和相关活动,仔细地观察、访谈并记录下所见所闻。收集资料的方法主要有:参与性观察、访谈、自我陈述、投射法、痕迹法等。这个过程可以是从较广泛性的观察开始,逐步进入焦点观察,直至最后对焦点作选择性的观察。

收集素材阶段,最重要的两件事是设计提纲和做田野笔记。人种志调研的方法意味着设计的提纲具有一定的广泛性、开放性和模糊性。田野笔记尽可能真实再现使用者生活的场景。

数据分析

数据分析阶段包括用归纳、解释、分类、推理等方法分析,建立分析模型。

分析资料,面对庞杂、丰富的原始数据,大量的整理分析工作将为设计师揭开使用者的面纱。通过分类、比较、想象,使得数据变成理性的思考和概念化结论。这个过程,可以加入当下设计师所用的间接资料和个人经验等内容,帮助对原始数据进行整理。分析资料并不需要等到收集资料全部结束才开始。人种志分析资料往往随着田野调查同时进行。当提出一个分析结论时,原来的田野调查就会调整,新的数据补充进来,使得分析走向更深入更鲜明的设计概念。正因为两者经常是混合交叉进行的,有的研究团队也会将第二部分收集素材与第三部分的数据分析合并起来。

设计方案

设计方案阶段也是生成设计概念的阶段,通常在阶段性资料分析的后期。但是在人种志调研中,设计可以从收集素材的时候就开始。设计师作为研究者在接触使用者的同时,就可以通过他的直觉进行设计的发想。在观察用户或与用户的交谈中,灵光乍现是经常出现的事情,作为田野笔记的一部分,设计的灵感也要记录下来。本书的实践部分,记录上海地铁调研的过程,会侧重前三个阶段,而设计方案部分将融合在前三个阶段里,不做单独的呈现。

在完整的设计项目中,所有的采集与分析工作结束之后,最终以设计方案为结论。当设计概念第一次提出时,更多的是基于设计师的大胆假设。随着田野调查不断调整而提供更多数据,进一步分析比较整理,原来感性的假设逐渐演变成理性的、前瞻性的设计结论。由于设计结论产生于定性研究,其样本量较小,通常会被质疑。对严谨的科学研究来说,这个阶段可以引入定量的方法进行大样本的验证。比如将田野调查的结论形成问卷,通过更多元更广泛的样本来证明定性研究的结论具有普适性。

一旦研究结论得以证明,就可以着手设计原型。在企业的一些项目中,设计师经常直接从田野调查的结论跳入概念设计阶段。研发周期短,市场变化迅速加上产品开发成本不高,容易迭代,如互联网产品,使得整个研究过程可以跳过验证环节,直接开发一个简易的设计原型(最小化可行产品,MVP)。

在设计概念逐渐变得清晰、明确以后,设计师可以构建设计原型(Prototype),并反复使用用户测试或测评,进行推敲。与前面一样,生成设计概念这个环节,也不是一定要等前两个环节的工作全结束了再做。

人种志的前三个环节,可以同时进行,相互补充,相互支持。比如,经过一个阶段,素材收集发现一些用户非常有意思的行为和规律。有时它会引出一些在原始课题界定边界以外的内容,甚至扩充人群和场景。研究团队通过讨论,可以重新定义课题的边界。根据新的研究方向,采集更全面的数据。反之,如果通过收集阶段的初步分析发现研究的范围产生偏移,也可以用采集数据方式进行调整。

参考人类学的架构方式,建立出人种志调研的研究流程,它从"界定课题"开始,经过"收集素材"和"数据分析"两个阶段实现设计研究的重要核心环节,最后进入"设计方案",直至真正投入市场,面向消费者。

螺旋循环模型

人种志调研流程比传统的设计开发多了前三个阶段。但是它基本上还是以线性发展为主线,在同一个平面上做研究。随着人种志调研研究的不断完善,它将会以螺旋形循环递进的方式发展。在下面这个未来发展模型中(见图 1 - 15)可以看到,在更系统、更完善的大型人种志调研项目中,原来的线性框架将只是图中螺旋线中最外面的一圈。如果以图中底端的螺旋线头为设计研究的起点,未来的人种志调研研究将不只在"界定课题""收集素材""数据分析""设计方案"这四个阶段形成单一循环。它将会由多层循环组成一条螺旋线形。

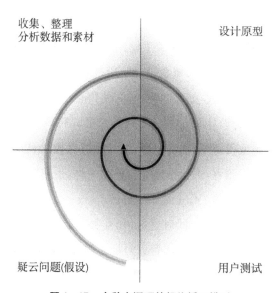

图 1 - 15　人种志调研的螺旋循环模型

由于互联网产品开发上对"用户测试"的日益重视,在未来发展模型中会进一步考虑将"设计原型"分成"设计原型"和"用户测试"两部分,各自形成独立阶段。"用户测试"将用于对设计原型进行评估,而后形成下一轮新的假设的依据,以备开始下一轮论证。同时,人种志研究中采集数据与分析常常并行,把"收集素材"和"数据分析"合并在一起,主要因为,许多不断涌现的设计调研方法都更趋于一边收集素材一边分析数据,而不是传统的收集再分析的分离隔断的方式。

虽然新的研究发展模型已经经过一些实践检验,但是诸如图1-15这样的模型还有待于进一步推敲和实践,希望它的发展会使得人种志调研进入一个新的阶段。

注释:

[1] 田德新. 基于民族志方法的美国大学课程大纲研究与借鉴[J]. 时代教育,2017(1):127-128.

第七节　精确度与开放性

人种志调研的精确度

由于人种志的田野调查采集样本的数量较少,有限的研究者在有限的时间内对事件的观察存在着偶然性,所以容易被质疑其结论的准确性和普适性。人种志学者采用三角测量来保证其研究的精确度。三角测量,指检验一种信息的来源,去除一种可供选择的解释,证明一个假说。当人种志学者发现一个信息后,不能就此进行判断,他需要运用其他的途径来多角度对该信息进行验证。因此三角测量可用于任何话题、任何背景、任何级别。它是在分析中可比较的内容和数量[1]。三角测量可以随时发生,既可以发生在访谈中也可以发生在观察中。

吸取人种志研究的经验,基于人种志开发的设计调研制订出一种提高精确度的更佳方法"三三法"。从字面理解来说,"三三法"要求设计调研的研究者,在得出任何结论之前,必须通过三种以上不同的方法进行调研,采纳三个以上不同的样本,经过三个以上不同的研究者着手的调研,才能认定该结论从多个角度达到了验证的精准度。

　　比如,在上海地铁的调研中,研究者在运用跟踪法的过程中,发现有乘客坐过站的情况。在当时的判断中,研究者认为这是由于乘客在乘坐的过程中打瞌睡,没有注意到车站报站名的声音,是偶然事件。但是研究者敏感地注意到该事件,并且将它放入访谈的提纲里。在后面的访谈当中,其他研究者也发现其他的使用者提及了这个问题,并且给出的解释与当初的判断不同。访谈中使用者认为,上海地铁报站的时间太早。当车到达站台,车门打开时,报站的声音仅从站台外传出过来,从车厢里面听声音非常微弱。车厢内部并没有报站声。许多乘客直到车停下来,才开始关注车到哪一站了。而这个时候在车厢里面是无法听到站名的,而地铁车厢内并不是所有位置都能看到外部站台的站名,这就导致了错过站的问题。再后来研究者通过实验法也证实,这个问题存在多个原因。在其他城市的调研中发现,一些地铁车厢通过电子灯来显示到达站的所在,乘客无论在任何时候抬头就可以看到车厢内的显示,乘坐这类车厢的乘客出现误差的数量就大大减少。经过多种调研方法,多个研究者参与询问或观察多名使用者,最终提高了这个问题研究结论的准确度。

　　"三三法"本质上来说是一种定性调研的验证观念和措施。这在采集数据和分析数据阶段并不常见。因此要求研究者具有研究警惕心和追求精度的观念,敏锐地捕捉问题,并且设计多种方法,从多种角度去了解事实的真相。

人种志调研的开放性

　　人种志学者因对所研究的团体或对象始终保持一种开放思维(Open in Mind)而著称[1]。与其他的调研方式相比,人种志调研更具魅力的是它的开放性。除了在研究框架上,人种志调研比传统的设计调研多出一些环节,更有意义的是,人种志调研的研究理念和研究方法可以极大地发现创新设计、创新市场,从而从更高的层面提高人们的生活质量。这种巨大的能量来自人种志调研强大的开放性。这种开放性来自人种志调研的理念,因此覆盖了人种志调研的研究目标、研究方法、研究过程、研究工具等各个方面,它促成了人种志调研,是定性研究的巨大生命力。

开放性的研究目标

与传统的设计研究不同,人种志调研不是为解决某些问题而做的研究。在设计研究之初,设计师只研究对象和范围,并没有具体的研究目标。研究的目标是开放性的,会在整个研究的过程中逐渐清晰。人种志调研重视是否对研究者和被研究者有意义,而不把自己局限在解决某些现有的问题上。因此研究问题应该在限定的范围之内,不能太宽也不能太窄。虽然所有的设计师都无法脱离自己的背景和经历去谈创新设计,但是人种志调研要求设计师在研究中尽力抛开自己的先入为主,置身于他者的世界里,将一些发想和假设划入疑云问题,然后由疑云问题开始进行广泛观察,收集详细完整的资料以聚焦研究的问题。比如,在研究时,由于观察者不被特定假设所束缚,这样比使用传统方法的观察者更易留意非期望中的现象,捕获意外的收获。

开放性的研究方法

人种志调研的研究方法比较多元、弹性,因此也就具有巨大的开放性。

人种志调研的研究方法以田野调查为主。其主要研究技术有:观察、访谈、利用现有资料、自我陈述等。除了田野调查外,人种志也补充应用一些其他常见的技术,如问卷法、实验法等。在人种志的设计应用中,最常用的是观察和访谈。

人种志调研中的观察法主要包括参与性观察与非参与性观察。在对目标者的观察中,研究者可以完全以旁观者的身份进行观察(非参与性观察),完全不告知目标者他正被观察,从而得到十分真实的现场资料。研究者也可以完全以真实的群体成员的身份出现(参与性观察),在参与过程中捕捉最真实现象和目标者最内在的想法。这两种观察可以避免"观察者效应"(人们一般会在得知被观察时表现得不同于平时所为)。

人种志的访谈法主要是开放式的深度访谈。这类访谈可以帮助设计师找到使用者角度的观点,并可以把一些需要长期或大量人力投入观察才能发现的现象挖掘出来。深度访谈使得访谈者可以随时在访谈中发现一些有趣的现象和观点,并追寻下去直到形成结论。

其他方法如问卷法,可以很好地辅助"田野调查",定量地获取设计假设的证明。当然,这里的设计假设不再是由传统设计师拍脑袋决定。

人种志调研:开放性的研究过程

如前文所述,人种志调研的过程包括界定课题、收集资料、整合数据及设计方案等环节。这个过程不是线性发展,而是循环递进的。研究者虽然由疑云问题开始,但是由于人种志是反映式的,在研究过程中要因状况而做出改变,因此常常有新的问题产生,而有些问题会因为假设错误而放弃,依据所有研究者的共同经验,发现正确适当的问题有时比找到答案还难,因此,理论建构的努力大都用在重新建立新问题之上,以便达到能解释的程度。对于设计来说,设计师在收集使用者的真实素材时,随时修正自己的疑云问题或者设计假设,再根据分析资料环节的阶段性分析,进一步收集新的更为集中的资料。同样地,在整个过程中不断更新的分析资料会产生一代又一代的设计概念或者设计原型。这些设计概念或者设计原型可以放到真实情景中进行使用者测试,获取反馈,指导新一轮的资料收集。这种循环和多环节同时进行的方法保证了设计过程的开放性。特别是,田野调查的技术没有严格的限制,也没有公式能结合这些数据,保证收集到的资料一定是符合设计师的要求。人种志强调弹性,其非直线的过程使得数据的采集、解释、分析及建立原型可以同时进行。

开放性的研究工具

在应用人种志调研中,研究者本身就是最好的研究工具。众所周知,研究工具如果不灵敏、不客观,那么就很难保证研究结果的质量。作为研究工具的研究者——设计师,在这里要时刻处理的有两种关系:一是主观观念与研究的客观审视的关系;二是研究者与被研究者的互动关系。

每一个人看待事物的观念都受知识、文化和经历等因素的影响。设计师的主观观念是设计师的财富,但在人种志调研中也可能成为一种束缚。敏锐的设计师,能够在一些小的数据中发现设计的可能性,但是也可能由于敏锐和专业的自信导致曲解使用者,或者判断错误。因此,在人种志调研中,一方面人种志调研者要不断进行反省,提高自己的客观、自律的品质;另一方面,人种志调研常用多人小组合的方式(三三法)弥补个人主观给设计研究带来的问题。

研究者与使用者之间的互动关系及使用者对研究者的信任程度决定着使用者提供本身所知数据的程度。因此,研究者在一些参与性比较高的资料收集中,要注意自己的个人因素对使用者产生的影响。比如,在访谈中就比较忌讳提问时带有设计师自己的倾向性建议,或者对某种选择表现出研究者的个人好恶等。研究者应该站在使用者的立场上看问题,对使用者抱着尊重之心,不能任意加以干扰。同时,人种志调研者需要具备解读真实情景下使用者行为和动机的能力。研究者需放低姿态,在彼此互教的状态下,随时准备接受新的观念,探索新的规律。

人种志调研对研究工具——设计师本身的这些要求无一不是力求人种志调研的开放性。

人种志是一种探究性、发现性的研究法,旨在探究意义、寻找问题而不在解决问题或验证理论。它在设计研究中的应用可以很好地为设计师提供一个了解真实的使用者和真实的使用场景的机会,引发设计师超越自己原来的思索。人种志调研的开放性,使得更开放、更真实、更符合使用者需求的设计概念浮现出来。但它并不能解决使用者的问题,满足使用者的需求。它指引出的设计方向,需要科技的力量实现,需要商业的分析去论证何时、以怎样的方式投放市场以及如何传达给使用者。

一种开放式的定性研究

作为社会科学的一种研究方法,人种志虽然也可以用于收集或形成量化的资料,但它主要是一种定性分析的研究方法,它不仅大量用于人类学研究,也同样广泛应用于社会学、人类地理学、教育学、组织管理研究和其他人文科学的各个领域。

在设计领域的应用中,人种志使得设计师和使用者形成一种"交互"关系,从而保证了实地调研的深度。研究者在研究现场能够发现有意义的现象,从最初的观察,到推出尝试性的预测,再针对这些预测发起进一步的观察,然后修正预测,周而复始地循环直至得出有价值的结论。

由于人种志研究的假设是在初步观察的基础上建立起来的,所以它能保持一种开放式的状态,它不仅避免了由于研究者自身知识结构所引起的局限,同样给设计创新提供了巨大可能空间。对于设计师来说,人种志使得他们得以深入使用者体验,在真实场景中的发现可以给他提供无数灵感和启迪。

人种志要求研究者不同程度地参与使用者的日常生活,在自然真实的情景下观察并收集素材,以描述性方式记录资料,从而推断出结论。因此人种志的研究不仅能保留大量丰富具体的细节,也同时具有综合性和整体性。

人种志研究依据的理论基础主要有:现象学、解释主义、诠释学、符号互动论、人类学等。在设计研究中,研究者还经常结合心理学、行为学的一些理论和研究方法一起进行。

当设计发展到用户体验时代,走向对使用者关注的方向,人种志调研将不再是远离设计实践的曲高和寡。人种志的方法被设计师所关注,其中一个重要的原因就是人种志作为一种研究方法可以帮助设计师直接接触使用者,并获得开放性数据,探究设计的可能性。它最大的优点在于它的开放性。在设计过程中,人种志在研究目标、研究方法、研究过程、研究工具等方面,都具有比大多研究方法更突出的开放性,这极大地为设计创新提供了可能,真正地指向为使用者而作的设计研究。

注释:

［1］大卫·M.费特曼.民族志:步步深入［M］.龚建华,译.重庆:重庆大学出版社,2013.

第二章　上海地铁的人种志调研

第一节　界定课题阶段

界定课题

在人种志调研的过程之初，像传统设计一样，设计师需要制订设计研究的计划，安排整个项目中的步骤、人员和时间进度。但是与传统设计师不同的是，人种志调研所需要安排的步骤远比传统设计要多。

正如前文中提到的六个人类学问题 Who、What、Where、When、Why、How，其中的前四个就需要在"界定课题"阶段解决。这四个问题在人种志调研中对应了四个设计师关心的问题：

（1）确定真实的使用者；

（2）确定真实的使用行为；

（3）确定真实的使用环境；

（4）确定真实的使用时间。

确定真实的使用者

在人种志调研中,真实的使用者或用户,又称为终端用户(End User)。以工业设计为例,由于产品链上有多种用户,在各个环节上对产品设计产生影响,所以真正的使用者往往不能对设计起决定作用。事实上,大多数设计师在进行设计时,是以委托设计任务的甲方为"用户"的,因为是甲方"用"或"不用"该设计方案。如果说传统设计师要研究用户心理学的话,他们花大量时间去研究的是甲方的"客户心理学"。设计师要揣摩甲方的意图,用某个根据个人经历制造的假象——"用户需求"来作为用户体验设计的幌子,说服甲方接受方案。而甲方呢,则根据他的个人经历判断这个理由的合理性。双方都没有想到过那些真正使用的人。整个过程中的其他影响者还有工程师、供应商、采购商、推销人员,而最后才是终端用户。其他设计领域也同样存在这种现象,唯一能区别这些"他人"的方法就是把最终使用设计结果的人视为目标,研究者就称他们为"真实的使用者"。开始设计的第一件事就是定义谁是"真实的使用者",把他们从周围人中区分出来。

有时研究者会特地找来一些"极端用户",这些用户的特别的使用方法给研究者带来跳出习惯思维的可能,甚至可以预见未来的产品发展。

确定真实的使用行为

在真实的环境中真实的使用者有很多行为,有些是与设计目标有关的,有些是无关的。这里提到真实的使用行为不是担心设计师把无关的行为过多地划作为有关的行为,而是提醒大家不要随意把有关的行为划作为无关。人种志调研的一个重要领域就在于发现创新性设计。由于人种志调研的立足点在原始素材(真实使用者、真实行为、真实环境和真实时间),所以它可以让设计师发现许多新的现象,这些现象在设计师的个人经验中可能从未有过,甚至是"闻所未闻"的、"不可理解"的"奇怪行为"。然而就是这些他人的真实行为才可能使设计师摆脱现有设计的束缚,跨越现存的禁锢,产生真正的有价值的创意。虽然设计飞跃是在后来的设计研究的分析阶段产生,但是毋庸置疑,如果没有在收集素材阶段找到这些原始数据,也就不可能会有后面的分析。

确定真实的使用环境

有时候在人种志调研的过程中研究者会在实验场地中模拟做试验,看被试者对设计方案有何反应,由此得到使用者评价,为后期的进一步设计寻找依据。但是在收集素材阶段,数据一定要来自真实的使用环境。寻找真实的使用环境的素材的原因是,所有的模拟环境都存在条件缺失。它可能是物质的缺失,如许多看上去与设计对象无关的物品事实上对使用者和他们的行为都有着重要影响。也可能是文化的缺失,大多数的人类行为都有着多多少少的文化含义和背景,一个缺失了文化的环境是无法激发所有真实行为的。同样的一个产品,在美国用和在中国用,使用行为会有很多差异。其实,即使同在一个国家,不同地域的使用者都有着明显的不同,这与他们所处的环境有很大关系。这样就可以解释为何美国的厨房能够敞开与客厅连接,主妇可以穿着礼服优雅地拌生菜色拉,而中国的妈妈们不得不关上厨房门,扎着围裙戴着浴帽"武装到牙齿"地站在灶台前奋力"征战"了。这让我想起,当年在芝加哥时所住的那间小公寓。因为开放式的西式厨房完全敞开向我的卧室,那半年的"伙食",只能是生拌熟煮,几乎完全放弃了传统的"中国炒"。后期引起胃部不适当与此有关。所以说,如果没有真实的使用环境,恐怕即使是真实的使用者也无法施展真实的使用行为了。

确定真实的使用时间

正如在不同的使用环境中,使用者的行为会有差异一样,使用者在不同的时间段里,所表现出来的行为也会不同。还是说回厨房,同样是一位中国主妇,在平常的工作日中,早上她和丈夫要上班,孩子要上学,时间短,她所能做的可能就是用微波炉迅速加热昨天就准备好的早餐。而到了晚上下班,她会使出全身解数为全家准备一顿丰盛的晚餐,这样她一定会在厨房里演奏一首锅碗瓢盆"交响曲"。同一天的不同时段,人们的行为方式会不同,那么在工作日、节假日、特殊纪念日,人们的行为和生活方式也会不同,还有不同的季节都可能成为影响使用者的因素。中国的家庭在不同的节假日常常有不同的传统食品,有不少家庭至今还保留着自己制作的习惯。又比如说,中国烹饪中对冬天和夏季的食物有着不同的要求。在炎热的夏季,人们会多做慢煮的凉性绿豆、生拌黄瓜等,而到了寒冷的冬季、爆炒肉食、红烧牛羊肉,制作进补的药膳都是讲究的家庭会在厨房里进行的活动。研究不同的时间段,会得到完全不同的观察和结论。一份翔实而全面的调查,应该基于详细的真实使用时间分析,并对它进行合理地分段,从而保证能对各个时间段做到一定量的周密了解,最终得到全面的研究结论。

在界定课题这个环节中,还有一项特殊的内容是"提出设计假设"。这个假设不是凭空而来,一般需要经过少量的初期调研,才能就针对的课题提出一个类似人类学家常常提出的疑云问题。这个疑云问题在人种志调研里就是设计假设。设计假设不需要很精确,也不需要在一开始就考虑确立设计的解决方向,它是未来设计方案发展的可能,并在人种志调研的发展过程中不断地修正。

实战操作——上海地铁调研

早在2006年,上海交通大学设计系就成立了一个课题小组,课题的内容是"上海地铁使用者的设计研究"。这个课题得到"国家大学生创新性实验计划项目"(项目编号 ITP040)、"上海交通大学 PRP 创新性项目"(项目序号 PRP-C10067)两个建设项目的资助。通过多年的努力,团队非常成功地运用了人类学的方法,将人种志调研实战应用。这次良好的尝试,使得该课题获得的成果不仅是多方面的,更是创新性的。以下将根据各章节内容逐步展开此课题的研究描述。因为关于上海地铁的人种志调研主要发生在2006年前后,所以遵循人类学的观点,尊重时代的特殊性并尽可能地保留其"原始而自然"的状态,也为了使得采集数据与分析数据对应一致,本书中关于上海地铁调研分析还是相当大程度上保持了当时的情况。部分信息与现在已有差异,研究也比较稚嫩。书中记载的许多设计发想,不少现在已经实现。修订版中,适当增加了一些后来设计调研发展的工具,但也以不破坏当时的课题整体性为准。

真实的使用者

如果要研究上海地铁,那么就要找到使用上海地铁的使用者。谁是上海地铁的使用者? 不能说,在上海地铁里的人都是上海地铁的使用者。比如,站台上的工作人员、清洁工都不能算是使用者。也不能简单地说，所有使用上海地铁的人都是。在上海地铁中可以找到很多不同的使用者，如商贩、车厢里流动的乞讨者、利用地铁做调研工作的人（也包括研究者）、发广告的推销人员等。他们出现在上海地铁中，以某种方式使用地铁。但他们不是真正的设计对象。最后的定义将使用者确定在一个明确的范围内：那些把上海地铁当作交通工具来使用的上海使用者，通常情况下叫作"乘客"。

真实的使用行为

一旦确定了谁是真实的使用者，哪里是真实的使用环境，就要来界定哪些是真实的使用行为。由于行为的确定对研究的影响至关重要，而且由于人种志调研的精华也在于，能帮助研究者找到许多既有经历中不存在的现象，所以给什么是真实的使用行为下定义需要尤其小心。在这个课题中，研究者把真实的使用行为定义为真实的使用者在真实使用环境中发生的所有行为。因此，那些在真实使用环境之外的，或是那些不是真实使用者的行为（如乞讨、卖唱等）都不在范围中。

真实的使用环境

要研究上海地铁设计，当然要找到上海地铁，但是上海地铁不是一个单一的封闭空间，它的组成部分很多，如列车、车站和轨道构筑物（如隧道）等。要想确定研究真实的使用环境范围，就要结合使用者的使用过程。根据初期的观察表明，一个使用者在使用上海地铁的整个过程涉及的环境包括地铁站的空间、地铁车厢内部和部分街道。所有轨道构筑物（如隧道）的部分不在本书的讨论范围内，因为课题只研究在通常情况下，使用者使用上海地铁的环境范围。轨道构筑物只有在某些特殊情况下（如车厢着火等），才会被使用者使用。

为何要把部分的街道划入研究的范围？从表面来看，这部分环境并未与地铁的建筑或车辆相关。但是，从对使用者使用过程的观察记录中可以发现，使用者开始使用地铁的过程往往是从在车站建筑外寻找地铁站开始。因此，这部分街道虽然不是地铁建筑的一部分，却对使用者使用地铁有着明确的影响，所以在最后的定义中，上海地铁使用者的环境应该包括与上海地铁相关的部分街道。

真实的使用时间

对于"上海地铁使用者的设计研究"的界定课题中,相对比较复杂的就是定义"真实的使用时间"。

从整个时间段来看,使用者使用上海地铁,每一年都有不同,但是在短期的设计研究中(与人类学的长期研究不同),基本上可以不必考虑这个长期因素的影响。

一年之中,季节的因素还是会明显地影响使用者使用上海地铁。从初步了解研究者中得知,夏季是上海地铁环境最差的季节。在早高峰和晚高峰的时候,极为拥挤的车厢里,汗水、人的气息和各种混合气味使得使用者不够舒服,闷热拥挤使得乘坐1号线成为"魔鬼之旅"(见图2-1)。因此,研究者虽然主要的数据和素材收集选择在夏季和秋季完成。而后的第二年,研究者对冬季数据和素材也进行了补充收集。这样使得整个时间段能覆盖得比较全面。

"以前爸爸妈妈挤公交!咱们挤地铁!一样!生活就没美好过!!!"

"呵,试过两次,脚提起来就再没地方可放下去了,根本不用担心会倒下,因为前后左右都被人挤住了,哪怕你闭眼睡觉都不会倒下去。大概春运的火车就跟这差不多了。"

"有好几次我在车厢里都不觉得自己是人!站在前排的是猴子,因为两只手都吊着,不然老刹车站不稳,挤在后面和门口的更是连猪都不如,猪的待遇都比我们强!"

图2-1　上海地铁1号线早上班的高峰潮[1]

● 工作日时间段—节假日时间段

如果以天为时间单位来看,可以把所有的时段分为:工作日和节假日。工作日,因为有上班族上下班,所以受其影响,上海地铁有规则地呈现高峰和空闲情况。而节假日,又有着与工作日不同的人潮起落。

根据使用者使用上海地铁时间段的不同,可以把每周的上海地铁使用时间分为工作日和节假日两大组:

(1)工作日时间组(以下简称"工作日"):指大多数上海地铁使用者上班的日子。通常是周一到周五,但是如果遇到节假日调休,也可能是周末。

(2)节假日时间组(以下简称"节假日"):指大多数上海地铁使用者不上班的日子。通常是周六和周日,但是如果遇到节假日调休时,也可能是周一到周五的某天。

既然分成两个大组,它们当然各有各的特征。即使是同一个大组中,在不同的时间点上还有着不同的情况。研究者当然不会认为周一8:00的地铁和周日8:00的地铁一样空闲,也不可能指望在工作日的8:00和深夜0:00的情况一样。使用者在工作日和节假日里出行的时间和频率都有很大不同。即使同在工作日,他们早上在地铁里的需求也不会和晚上一样。

研究者希望通过了解工作日和节假日里使用者在不同时段的需求来描绘上海地铁的丰富情况。

● 工作日时间组—细分时间段

研究者无法定量地对工作日做细分,也就是不能把一个标准的工作日分成精准的时间段。但是,研究者可以定性地根据一个具有典型性的工作日的时间波动,找到诸如"清晨""早上班""白天""晚下班""深夜"等时间段。这些时间段之间有着一定的区别,每一个时段有自己的特点。比如,清晨的时候,地铁里的人并不多,车站和车厢都不太拥挤。早起赶路的人在车站、车厢各处找寻能打盹休息的地方,以各种姿势尽量让自己舒服些。这个时间段里的大多数使用者不是上班一族,并不一定对所乘的路线熟悉。早晨昏昏暗暗的环境加上乘客昏昏欲睡,使用者经常容易乘错车、下错站。但是一旦到了上班高峰时,售票厅、通道、扶梯、站台、车厢……到处是人。车一辆一辆地来,人一茬一茬地进,后面的人又迅速填补新出现的空缺。拥挤,是这个时间段地铁的最大特征。多数人的流程大体是:快速地刷卡进站,匆忙地走到站台,如果有时间就买点早餐或报纸,及早挤进早一班地铁,并且站稳脚跟,抓紧随身物品,尽可能地稳定自己,不被人挤到,注意自己的目的地,不要错过站,下车再迅速地刷卡离开地铁站。这些人对地铁的最大要求就是在安全的基础上追求快速。

那么,是否可以仅仅根据时间和人流量来分段呢? 来看看上海地铁运营有限公司的地铁运行间隔时段表(http://www.shmetro.com/kyfw/yyskb.asp),研究者可以看到地铁公司的时段定义很大程度上依据人流量。上海地铁1号线工作日的运行间隔时段表具体如下(2006年):

早高峰:7:00~9:30

晚高峰:16:30~19:30

一般时段:9:30~16:30 和 19:30~22:00

其他时段:首班车~7:00 和 22:00~末班车

研究者也不能完全按照这个分法来定义使用者乘坐地铁的时段。因为,地铁公司的分段主要目的是按照不同时段来安排地铁运行间隔,它的依据主要是来自人流量的大小,所以只要客流量一样,他们并不需要分清楚使用者的需求有何不同。如果按照这个依据来定义研究者的时间段,那么研究者就无法区分清晨和深夜(上海地铁运行间隔时段表的"其他时段")时候的使用者有何不同的需求。也无法区分白天地铁里的使用者需求、晚下班潮后到深夜之前(上海地铁运行间隔时段表的"一般时段")的使用者需求有何不同。当然,在本章节中,研究者可能无法详细地对这些时间段进行逐一剖析,但是需要一再说明的是,使用者需求的时间段和地铁运行的时间段有着根本的不同。

当然,在研究者的时间段划分中,有些时间段是相连并有共性的,也需要适当合并。比如,工作日上午、中午和下午,使用者的各项需求都很一致。因此,研究者可以把它们合并在一起,作为一个时间段。但是,工作日清晨和工作日深夜虽然也同样具有相似性,但它们分属一天的两端,使用者的状态和使用地铁的目的都有着明显的不同,应该分开。由于研究者的时段定义与使用者充分相关,所以在各分段名称中研究者不仅加入了时间名称,也同时含有使用者的行为描述。

据此,研究者按照地铁使用者的需求把典型工作日分成了6个不同的时间段:

(1)工作日清晨(上海地铁运行间隔时段表的"其他时段"中的清晨部分):工作日早晨从首班车开始到上班人潮出现之前;

(2)工作日早上班(上海地铁运行间隔时段表的"早高峰"):工作日早晨上班人潮集中的时段;

(3)工作日白天(上海地铁运行间隔时段表的"一般时段"中的白天部分):工作日早上班之后到晚下班之前的时段,加上工作日晚上下班人潮减少之后到市区主要商业区关门的时段;

(4)工作日晚下班(上海地铁运行间隔时段表的"晚高峰"):工作日晚上下班人潮集中的时段;

(5)工作日晚上(上海地铁运行间隔时段表的"一般时段"中的夜晚部分):在晚下班和深夜之间,截止点通常视为市区主要商圈关门的时候,一般在 22:00之后;

(6)工作日深夜(上海地铁运行间隔时段表的"其他时段"中的深夜部分):从市区主要商圈关门到末班车之间。

还需要特别指出的是,这里所做的某个时段的分析是泛指一个标准工作日,对于交通比较集中的地铁线路而言的分析。在实际情况中,不同的日期、不同的线路都有可能会有不同。比如,上海的周五,那天虽然也是工作日的晚下班时段,但是它被大多数人当作周末的一部分或一个特殊工作日晚上,不少上班族会安排购物、娱乐、会友等活动,许多人不直接回家,而转向去一些商业、娱乐场所。地铁的情况会和一般工作日晚上很不同。再比如,地铁1号线和5号线的情况就不一样。如果,你在工作日上班时段从5号线起点——莘庄站出发向闵行方向走,车上是不怎么挤的。所以那些工作日早上班的景象不一定会看到。

● 节假日时间组—细分时间段

对于上海地铁节假日的使用者需求,研究者主要分析"节假日早晨"和"节假日全天中出行时段"。节假日深夜和节假日早晨有许多相似处,但是由于使用者的状态和使用目的的不同,它们的需求折线会在不同之处有起伏变化。

上海地铁1号线工作日的周末运行间隔时段表具体如下:

一般时段：7：30～20：00

其他时段：首班车～7：30 和 20：00～末班车

据此,研究者按照地铁使用者的情况把典型节假日分成了三个不同的时间段：

（1）节假日早晨：从首班车到上午出行人流集中出现；

（2）节假日全天中出行时段：从"节假日早晨"结束时间开始,到晚上主要出行人流回家结束；

（3）节假日深夜：从晚上主要出行人流回家结束开始,到末班车。

"界定课题"阶段的工作使得研究有了一个范围。研究者在真实的用户、真实的使用环境、真实的时间等要素都确定下来以后就可以开始大量采集数据。这个阶段工作确保了采集到的数据既有一定的丰富性又能够确保在一定范围里面。

注释：

［1］图片来源：今晚在线社区 www.gamvan.com.

第二节　收集素材阶段

收集素材

在人种志调研的过程中,收集关于真实使用者的素材至关重要,它是未来设计方案的原料支持。如果没有有效的方法收集到使用者的真实信息,设计师拿什么数据来做设计分析呢？ 没有切合实际针对真实使用者的研究分析,设计也就和传统的所谓"人性化设计"相差无几了。

在"界定课题"阶段中确定的"四个真实"成为"收集素材"阶段的先决条件。如果前一阶段对使用者、使用环境、使用行为、使用时间定义错误或者定义模糊,则直接影响收集素材的工作。过大的设定范围会导致许多无用功,过小的界限会使得素材收集不够,甚至有时不得不重头来过。事实上,收集素材是一项艰难的事,时间、人手等各种条件常常不允许这个阶段出现大量返工,如果前期定义失误则会导致研究的失败,甚至出现错误结论,而最终影响正确的设计方向。但是这里强调"界定课题"的重要意义并不是说,对使用者、使用环境、使用行为定义、使用时间在整个研究过程中不能调整。人种志调研之所以引入人类学的人种志,不仅仅是借鉴它的方法,很大程度上也提倡它的研究思想方法。其中,不断调整修正研究假设的思想方法就是我们应该学习的,反映在人种志调研中就是无论任何阶段都要适时修正设计假设。当然,如果设计假设被修正,其密切相关的设计研究定义也必定会随之调整。因此在"收集素材"这个阶段,研究者一方面要思路清晰地按照前期的设计范围收集资料,同时在发现问题时要敢于问"为什么?""能不能定义得更好?"。

"收集素材"阶段是设计研究中最耗时的阶段,因此很好地按照研究计划实施是件不容易的事。因为要到真实环境中收集一定量的真实使用者的真实行为和现象,如果研究课题本身比较复杂(如研究地铁就是一个很复杂的课题,它广泛涉及建筑设计、室内设计、平面设计、产品设计等),则收集素材要考虑季节、气候、时段、不同人物属性、不同环境地点等各种因素。所以收集素材时可能要几种不同方法同时进行,有时甚至需要和别的阶段工作同时进行。比如说,收集人们使用地铁的素材,可以同时使用几种不同的方法(观察法、访谈法、自我陈述法等),对不同年纪、性别、职业的使用者调研,找到不同的地点(如不同规模的车站),在早、中、晚不同时段去收集,可以集中在某两个季节,以后再补充其他的素材。但这样,也需要至少3~4个月时间。所以最好是可以边收集资料,边开始做早期的研究分析。事实上,这样不同阶段工作的重叠是很有利于研究本身的。正如上文中提到人种志的研究就是一个不断修正自己的过程。开放式的人种志调研随时会对前期进行修正,随时提出新的假设,所以说它是一个不断否定之否定的开放式研究。

有学者认为,人种志调研的设计流程并不是我们在前文中介绍的线性发展,它应该更像螺旋线一样从中央出发,在不断前进的同时重复以前的工作阶段。也就是说,在一个完美的用户体验设计研究中,研究者不断地收集素材、对数据分析、提出新的设计假说,然后再收集素材论证设计假说、对新的数据进行分析、再提出新的设计假说……笔者充分认同这种观念，并认为这是一项长期研究的完美模式。但是对于大多数设计项目来说，时间的限制恐怕无法使我们如此完美地工作，所以这里提出的设计研究框架说明了人种志调研的基本流程。

对于"收集素材"这个阶段来说，样本数量是个值得讨论的问题。对于大多数传统的人性化设计，一些所谓针对使用者所做的设计改进都是通过问卷法来得到证实的，也就是前文中提到的传统的定量分析。定量分析需要大数量的样本。而人种志调研是定性研究，我们虽有设计假设，但是开放式的研究方式使得研究者从来没有想当然的设计建议，所有的设计结论都是在不断发现、不断修正中逐步建立起来。所以，大多数时候，我们不需要定量的分析。作为定性分析，它的核心在于找到正确的问题，所以样本的数量不是那么重要，重要的是样本的质量。在人种志调研中，很难建议一个合适的样本数量，所谓合适的样本数量主要决定于你是否找到了需要的素材。如果素材已经可以产生有价值的阶段性结论，新增样本不会让结论产生显著变化，这就说明样本量就够了。在新的假说提出来后，研究者可能又要对此假设进一步收集素材，下一次的样本又以新一轮的假设结束并等待再下轮的开始。

常见方法

收集素材的方法有很多，为了实现"四个真实"，人种志调研主要引入了人类学的方法，这些方法在收集素材阶段起着决定性的作用。虽然在前文提到过不少方法，其中的一些可以在设计的许多环节应用。在这里，我们主要就收集素材这个阶段，介绍一些常见的研究方法。这里主要介绍三种主要的收集素材方法，都来自人类学的人种志。

在用户体验设计研究的收集资料阶段，最常见的研究方法是观察法，经常佐以访谈法、自我陈述法和问卷法来补充其不足。本书着重介绍前三种研究方法。

- 观察法：参与性观察与非参与性观察、地图；
- 访谈法：非结构化访谈法；
- 自我陈述法；

- 案例分析；

- 投射技术；

- 实验法；

- 文献阅读和其他间接资料收集；

- 问卷法；

- 比较研究。

严格意义上来说，"文献阅读"不属于采集数据阶段，它应该是在展开调研之前所做的桌面研究，帮助研究者迅速了解这个课题领域前人的研究成果和发展现状，减少重复的劳动，将力量用于开拓创新。"文献阅读"是所有研究的基础步骤，在大多数社科研究方法中都有介绍，本书就不详细展开。由于文献阅读和其他间接资料收集在采集数据的方式上类似，所以放在同一章节介绍。

第三节　参与性观察与非参与性观察

观察法

当你观察时，你就开始接近事实。

你想知道事实是怎样的吗？请闭上你的嘴，睁大你的眼，张开你的耳，然后去看，去听，去思考。观察法就是研究者在一段时间、一个事件中，去记录和思考人们自由表现的行为和一些现象。

当研究者置身事件之外旁观，就更能脱离主观的我去接近真实。这个时候，不同的人看到的现象会开始重叠。当重叠的越来越多，不同的越来越少时，研究者就意识到研究接近了事实的全貌。当然，永远没有绝对的真实，就像永远没人能了解到事实的全貌一样。研究者只是看到了世界的一小部分。

观察帮助研究者了解事实的多样性。因为你的脱离现实，能关注到现实中他人的行为。

观察是能最大程度上还原真实的途径。记得曾有一位科学家这样感慨：当设计师走入真实的环境，精心地观察真实的使用者的真实行为，不用说什么，他就可以获得很多意想不到的感受。

在开始上海地铁调研之前，我问团队的研究者们："上海地铁是怎样的？"每个人给我的答案都不同。没有对错，因为这些不过是个人的经历。它们无法让研究者了解事情的全貌，因为它们是局限在个人视野里的局部碎片。而当研究者坐在地铁上，他们再看到的上海地铁是无比的丰富多彩。每一次碰头，他们都会惊喜地告诉我"今天我看到一位老人等了 2 辆车才上去，就是因为人多""前天我发现个美女看到自动扶梯闲着也不乘，还是自己爬楼梯"……

观察带来丰富的环境资料。这里的环境不仅仅是指物理环境，也包括时间环境、人文环境和许多背景信息。观察可以是针对某个具体的使用者的一连串动态的跟踪观察，也可以是针对某个特定时间（时间段）或地点（区域）的整个使用者群体的观察。特别是针对整个使用者群体的观察会避免受到个体差异的影响。

由于观察可直接感知使用者（被观察者）的行为，这些行为不会受观察者本人的主观影响，也不会被被观察者的记忆歪曲，所以素材可以如实地反映当时的情况。在不告知使用者的情况下观察还能极大地减小"观察者效应"（被观察者由于得知被观察而改变平常的行为方式）。有时，研究者也会使用"参与性观察"（观察者完全以真实的群体成员身份出现，最好不暴露身份，或者有保留地透露研究内容）。

观察法的缺点在于环境的不可控性。由于大多数观察是在自然状态中去发现，所以如果条件不好，可能很长时间不出现研究者希望的相关行为或现象。还有场地和周围情况的不可控制性，有时会导致观察者无法及时捕捉到素材。另外，"观察者效应"也会导致观察的结果并不真实。

参与性观察

参与性观察（Participant Observation）是社会调查研究的常见方法，也是人种志研究的一种重要的方法，大量用于田野调查。最早由林德曼（Lindeman）提出，他将研究者分为"客观的观察者"和"参与式观察者"。其中"客观的观察者"类似于"非参与性观察者"。这种方法第一次应用于"特罗比恩岛的研究"中[1]。从此之后,这个方法在社会学、人类学、心理学等领域使用。

参与性观察对于田野调查来说也非常重要。通常情况下它是指研究者能够参与到被研究对象的真实生活中去。可以在真实的生活环境当中,与真实的被研究者一起相处,可以近距离地、真切地观察他们的言行举止和习惯。在实际的人类学研究当中。研究者经常会跟被观察者一起生活 6 个月甚至更长的时间。"上海地铁的调研"在最初 2006—2007 年 9 个月的研究阶段共经历了 600 多次观察,数十位研究者广泛开展田野调研,在上海地铁各站进行参与性观察。2005—2008 年,研究者赴美国、韩国、日本、中国香港等地实地考察当地地铁,收集大量素材。至今,研究者仍持续不断地进行着上海和各国各地的参与性观察,不断添加材料。

参与性观察也强调研究者与被研究者之间的距离,保持适度的距离,可以帮助研究者能够更好地观察并做记录。距离还可以使得观察者能够从更广阔的角度,去理解整个事物的面貌。从更大的环境尺度去理解被观察者的行为和表达的内在原因。

参与性观察的最初,研究者对研究对象的情况了解得不够深入,所以最初可以是一种随意性的研究过程。参与性观察更重视将研究者放入被研究对象所经常出没的环境,尽量多地接触各种类型的被研究者。在熟悉之后,研究者可以发现一些重要的事件,同时对研究对象也有了一定的了解,可以分清他们当中不同的人,特别是那些关键人物。参与性观察是一个从随机、冗余、繁杂、丰富,逐渐变得简练明确的过程。

通过参与性观察,非常容易获得研究者对发生事件的描述性信息。比如说,发生了什么事(What)?什么人(Who)?周围还有什么人(Who)与事件有关?发生的事件的地点(Where)和时间(When),发生事件的过程(How)和原因(Why)[1]。因此,在参与性观察之前,需要设计观察的记录表格。由观察者进入事件发生的地点,捕捉相关的事件,并把信息填入表格。

在上海地铁调研中,研究者大量采用参与性观察。他们在不同的时间段,搭乘上海地铁的不同线路,通过自己设计的表格记录周围人的行为,并对他们进行描述(见表 2-1)。这个参与性观察的表格的设计参考了 IIT 的 POEMS 系统(详见本章节"观察框架模型")。

表2-1 上海地铁(参与性)观察记录

地点：___号线___站	记录时间：___点___分 ___年___月___日		高峰/非高峰	记录人：
使用者行为描述				
使用者路径				
使用者外形描述				
使用者年龄	男/女	是/否携带物品	单独/两人/多人	家庭/朋友/大团体/其他
环境描述				
其他				
设计发想				

通过与使用者一起搭乘地铁,将自己沉浸在使用者所处的文化社会环境里,研究者将更容易站在使用者的角度去理解行为的发生过程,人和人、人和事件的关系,为何发生在某一个时间,为何发生了这么长的一段时间,以及为什么发生在某个环境当中,这个环境是特定的还是具有普遍意义的? 他们也被称作为局内人(Insiders)[2]。因此他们与使用者拥有共同的视角和情感感受。他们更容易做出与使用者共同的情感评价。

在上海地铁调研的600多次观察中,研究者获得了500多项有效的观察记录。这些观察和记录都是来自真实的使用者。这些使用者的行为和地铁的真实现象,都是来自对上海地铁实地的调研和在日常时间对地铁一手资料的收集。在这里,真实的使用者、真实的行为、真实的地点和真实的时间,这四个方面的真实地保证了整个研究素材的真实性和有效性。

以下是其中的一些观察资料(见图2-2):

1   2   3

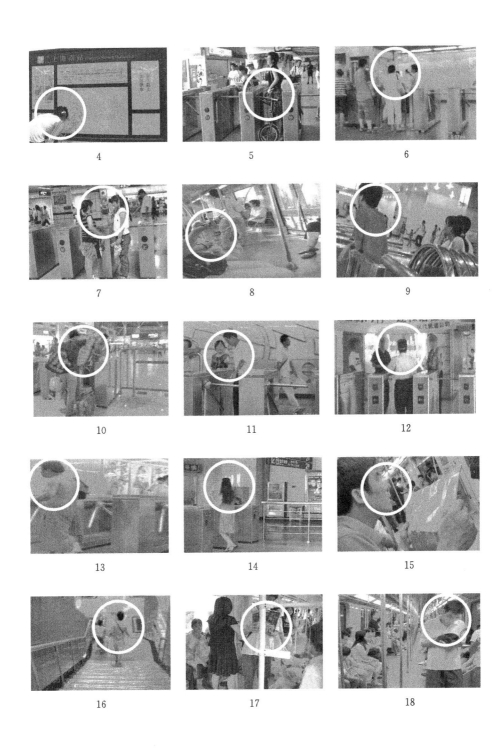

4

5

6

7

8

9

10

11

12

13

14

15

16

17

18

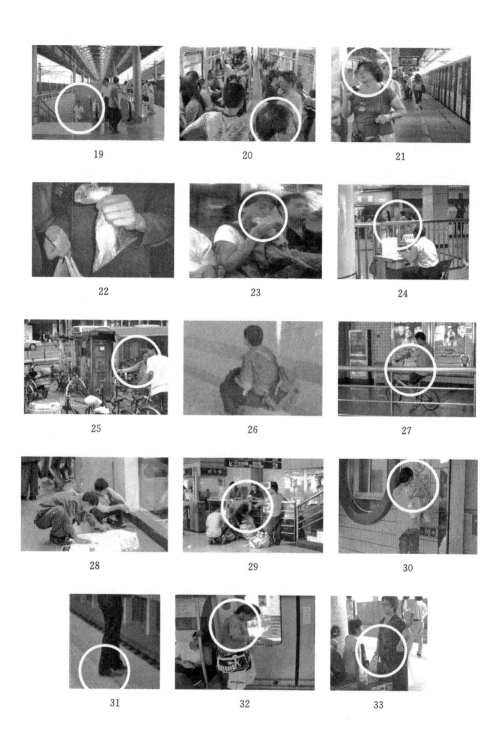

34

图 2-2　上海地铁使用者观察

观察资料 1：拿车票试了很多次，闸机就是不开，到售票处去加磁后，通过
　　　　　　闸机；

观察资料 2：站在检票机内等朋友；

观察资料 3：刷卡失败，造成一点拥挤；

观察资料 4：在查找方位信息；

观察资料 5：携带折叠自行车过闸机，很费劲；

观察资料 6：刷卡失败，找工作人员帮忙；

观察资料 7：检票前和别人说话；

观察资料 8：坐在座位上拿着小灵通发短信，发了两次都发不出去；

观察资料 9：趴在最边上的闸机上等人；

观察资料 10：很多人很多行李，互助过闸机；

观察资料 11：热心人细心指导不相识的人使用地铁票，并通过闸机；

观察资料 12：一个乘客问路，旁边的其他乘客也在帮忙；

观察资料 13：天气炎热，把上衣脱掉了；

观察资料 14：边走边吃东西，过闸机；

观察资料 15：看自己的地图；

观察资料 16：听见列车进站的声音，不管是不是自己要乘的方向，先跑下去，
　　　　　　　跑到可以看到列车的台阶后，发现原来是反方向的列车进站，于
　　　　　　　是又放慢了脚步；

观察资料 17：在车厢里，买小贩的地图；

观察资料 18：在车厢里站着看书；

观察资料 19：电梯人少,还是走的楼梯；

观察资料 20：挤到门口等下车；

观察资料 21：边走边打量车站,找个好的角度拍照；

观察资料 22：吃完早餐,食品垃圾放在自带的塑料袋中；

观察资料 23：一边听音乐一边吃包子；

观察资料 24：隔着栏杆,问路；

观察资料 25：地铁站外存放自行车。

观察资料 26：进站后先坐在自己的行李上,等人；

观察资料 27：骑在车上发短信；

观察资料 28：拿出地图摊在地上看；

观察资料 29：等待同伴,集合后一起走；

观察资料 30：照镜子,整理形象；

观察资料 31：太专注于报纸,没有注意到自己已经越过黄线；

观察资料 32：边玩溜溜球,边等待下车；

观察资料 33：把自己的水果箱子放在座位上,占了整个座,旁边人只能两个人
　　　　　合着坐；

观察资料 34：太累了,先坐在楼梯上歇歇。

参与性观察为后续的数据采集技术、投射技术、问卷法等的应用提供了很好的
基础。当研究者沉浸在真实的被研究者的环境当中,更加深入地理解其中的文化
以后,能更好地提炼出这种内在的行为模式和文化观念。

非参与性观察

非参与性调查(Non-participant Observation),主要是指研究者没有参加被研
究的对象以及其团体的活动。他们通常被视作为局外人(Outsiders)。研究者虽然
可能身处情境之中,通常不介入事件,不与真实的被研究者互动,不干扰事件的发
生。但同时,他会站在一个更客观、置身于事外的立场上,比较容易对整个事件进

行把握。

　　非参与性观察由于研究者与使用者保持了一定的距离,因此它更容易跳出情景,不受使用者角色的情感干扰,这样比较容易形成中立理性的态度并独立判断。

　　特别是针对那些不需要非常深入,事件和人的关系都不存在错综复杂的纠葛,文化现象也不综合多元,容易进行文化判断的项目来说。

　　在"上海地铁调研"中,研究者也经常进行非参与性观察。比如研究者曾经在一些交通的转换站的地方蹲点。他们选取了车站里面的若干个观察点:下车的站台、转换楼层的电梯口、转换大厅、上车的站台。在这几个点进行一段时间的观察,会发现使用者的种种不同行为。

　　同样的地点,在高峰期和非高峰期的不同时间段,研究者们进行了多次的观察,由于非参与性观察可以在一段时间内收集大量的样本,使得采集数据获得较大的丰富性。其价值与参与性观察是不同的。在非参与性观察当中研究者由于不立足于任何一种使用者的立场,所以不受到该类使用者所处情境的情感的影响,从而可以获得更多的客观的、独立的观察结果。

　　参与性观察与非参与性观察,由于设计的不同,适合不同的采集数据的目的,两者之间互相补充,各有优点和不足。研究者需要根据项目采集目标的不同进行合理的选择。

观察框架模型

　　无论是参与性观察,还是非参与性观察,在设置观察提纲时都可以引入一些模型。根据研究的目的不同,观察模型也会不同。针对产品设计来说,在此介绍一下IIT 的 POEMS 模型。这是一个既简而易行又全面有深度的系统。POEMS 来自五个英文单词的首字母[3]。

　　P 指 People,指"人物",就是使用者和相关的人;

　　O 指 Objects,指"物体",包括与事件相关的物体;

　　E 指 Environments,指"环境",包括承载事件发生的周围环境;

M 指 Messages,指"信息",指事件中可能有的信息流动;

S 指 Services,指"服务",指事件中可能有的相关服务。

POEMS 模型在研究时,把纷纭复杂的事物现象剖析成为内在的条理。通过这个构架,可以将众多的行为或者现象按照一定规律整理归纳,将分组后的数据再抽取出概念或者设计假设,最终形成设计原型,而后向设计方案发展。

像这样的分析方法还有很多。事实上,不同的设计研究公司,在研究技术上各有所长。他们会自制一些实用有效的小构架来处理数据和素材。比如说,AEIOU也是另一个应用比较广泛的分析方法,这个系统倾向于研究关于使用者、行为、环境、交互关系、物体等之间的关系。IDEO 等设计公司就经常利用这样的构架去进行设计研究。对于中国的设计师,他们可以在自己的经验基础上,对不同类型的设计研究作大胆的构想,创造适合自己的设计研究分析工具。

地图

人种志学者有时会请被研究者画一幅某个地域的地图。作为一种视觉性的描绘工具,地图可以很好地再现使用者对这块环境的记忆和理解。他也迫使研究者,像写作一样把现实抽象到二维的图纸上。

在人种志当中,地图的概念不仅仅是对现实环境的理解,也可以视为对流程对网络关系的一种具体化。它的目的最终是将一些使用者理解的信息明确展示出来。

在上海地铁调研项目中,研究者设计了"使用者对熟悉的地铁站台空间布局的记忆地图"活动。

研究者请 24 位不同年龄、不同性别和不同职业的被研究者对自己较为熟悉的某一地铁站台的布局进行了描绘(见图 2-3),目的是希望通过绘制地图了解人们对地下空间的认知情况。

在地图绘制活动中,每位被研究者被要求回忆自己最熟悉的地铁站的一段典型乘坐经历,在纸上描绘出大致路线和周边环境,然后在站点中指定一个约会地点。指定约会地点活动的目的是为了了解被研究者认为地铁站哪个地点是既容易

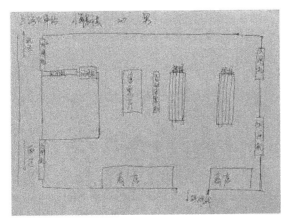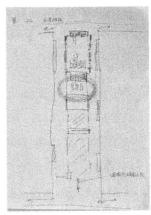

图2-3　两张上海地铁站台的回忆地图

找到又容易向他人进行描述的。整个活动过程中穿插了访谈,以求被研究者能尽可能多地对过程中的细节进行描述。

被研究者所描绘的地铁空间地图以及对约会地点的选定都在很大程度上帮助研究者了解了使用者,尤其是熟悉人群对地铁地下空间的认知方式、方法以及他们的认知程度。而事实上,在研究者对被研究者进行的同步访谈和观察中,研究者可以进一步了解被研究者对他所熟悉的地下空间是否有着正确的认知,他对周围环境的牵涉程度以及他关注的具体对象,所有这些资料都包含了大量信息。

研究结果显示,几乎每一位被研究者都能通过记忆对目标站台进行正确的描绘。由此可见,熟悉人群对地铁地下空间有非常清晰的认知,也能比较准确地描绘出地下空间布局的相关关系。活动基本证明了人们可以有效实现对地下空间的记忆,通过这种记忆辨认站点,并能向他人进行对这一空间的正确描述和引导。

实际上,对空间的认识和判别是人类与生俱来的一种本能,正因如此,人们能够通过对空间的观察形成记忆,并最终通过记忆实现对方向的辨别。而人类一生可以存储的空间数量也十分惊人。因此,可以说正确利用空间设计来提高使用者对空间的识别能力是非常有前景的设计方向之一。

此外,为了进行对照,研究者请其中一些被研究者对其不太熟悉的地下站台进行了描绘,结果发现非熟悉人群很难对站台进行准确和清晰的认知地图描绘。

注释:

[1] 蔡宁伟,于慧萍,张丽华.参与式观察与非参与式观察在案例研究中的应用[J].管理学刊,2015,28(4):66-69.

[2] 大卫·M.费特曼.民族志:步步深入[M].龚建华,译.重庆:重庆大学出版社,2013.

[3] WHITNEY P, KELKAR A. Designing for the base of the pyramid [J]. Design Management Review, 2010,15(4):41-47.

第四节　非结构化访谈法

访谈法

我对团队说:"永远不要相信被访者说的事实,因为他们能说出来的就不是事实。"

他们用迷茫的眼神看我:"那我们为什么要访谈?"

"因为我们本来就不是去了解事实。通过访谈我们去了解那些事实后面的东西。"

有许多时候,条件不允许研究者直接观察真实情况。限制的条件可能来自环境,比如恶劣的环境、远离研究者的地方、需要特殊技能才能进入的地方等。限制的条件可能来自时间,比如人们无法直接观察过去或者需要漫长时间才能发展的现象和行为过程。限制的条件可能来自需要了解的内容不是显性的行为或想象,而与使用者的想法和感受有关。这时,收集素材就需要利用访谈法。

在伊利诺伊理工大学的一个印度项目中,教授们并没有驻扎在当地人的家中,他们让使用者自己提供照片记录对自己生活的观察,然后通过访谈来了解每一张照片的含义。这样,在千里之外,研究者通过访谈实现了对真实环境中真实使用者的真实行为的虚拟"观察"。

通过面对面、打电话、QQ或者电子邮件等互联网交流方式,访谈法帮助研究者从被访者那里获取信息。通常,访谈者给出一个范围、话题或具体的问题,被访者来回答。几乎所有的访谈者都认为,面对面的访谈是最有效的访谈方法,因为面谈不仅可以获得言语信息,还能观察到大量的非言语信息。这些诸如表情、肢体语言等的非言语信息,可以帮助访谈者发现被访者是否正确理解了问题、是否有犹豫或顾及,以及有哪些问题可以再追问下去。但是即使面对面,有时研究者和研究对象还是会讲着"两种语言"——虽然同说中文,并不等于人们在讲话时能理解对方的意思。研究者说的是专业术语,而被访者讲的是大白话。

访谈法可以帮助研究者去更好地理解使用者。研究者的知识结构、背景和经历都会限制或影响他们对事物的判断。如果想真正地理解使用者,应该尽可能地直接和使用者交谈。人类学家会生活在研究的对象身边,设计师至少也应和他们真诚相处。不过在条件不成熟的时候,电话或其他互联网形式的访谈也十分可取,至少让采访一位远在千里之外的被访者成为可能。

访谈者本身对于访谈的结果影响巨大。最好的办法是访谈者本人就是研究者,那么他在访谈中就可以把握主题,而且其他研究方法中的数据和思考都能引发他在访谈中发现更有价值的东西。当访谈者本身不是专业人员时,访谈的问题一定要设计成清晰的、简明的、易懂的和规范的形式。如果可能,应尽量避免非专业的访谈者去解释问题,否则可能会带来歧义。

如果是专业研究者去做访谈,问题的形式就不那么重要,反之,让访谈者弄明白问题的实质和目的更为重要。比如,在"上海地铁调研"中,研究者需要通过访谈了解使用者对上海地铁的感受。研究者会针对不同的被访者(如文化程度等)用不同的询问策略,最后总结分析。

访谈的问题设计最为关键。笔者和一位加拿大学者讨论过访谈法。他也有相似的看法:"初学者设计问题会出现这样的问题——'你走进房间第一眼看到的是什么?'。事实上,这样的问题是问不到任何有价值的东西的。因为如果做试验,用眼动仪捕捉人眼的观察过程,你会发现,人们从来说不出所谓的第一眼看到的东西。他们说的大多不过是那些让他们记住的东西。"

那么,访谈法适合做什么呢? 正像前文中"人种志"学者用访谈法来发现许多现象背后的文化意义一样,访谈法更适合帮助设计师了解事物现象背后的使用者的想法。

访谈的结构

访谈的结构可以包括介绍、主体问题、总结和结束语。

介绍部分通常研究者会向被研究者说明访谈的目的。通常也会介绍研究者本人的身份,并且跟被访者说明访谈当中的一些规则,比如,被访者可以随时中断访谈,也可以拒绝回答一些问题。介绍结束时,通常会表示感谢。

主体问题的部分可以以暖场开始。由于访谈者与被访者通常并不熟悉,所以可以通过一些暖场问题将访谈的气氛变得轻松自然。当被访者比较放松的时候,访谈者就可以开始进入正式的问题了。问题通常由浅入深,一般从容易回答的事实性问题开始,比如了解被访者的年龄、职业等情况。然后再进入研究的主题部分,如"您平常都是什么时候乘地铁?"。关于一些客观问题的答案,被访者几乎不需要太思索就能够回答。这样的问题也将被访者引入研究主题的讨论范畴。然后引出需要思考的问题,如"什么原因需要搭乘地铁?"并问询细节和行为,如"请描述一下您上一次搭乘地铁上班的过程。"

在主体部分的展开中,访问者要对一些关键问题敏感,然后进行追问,"您刚才提到,在下车的时候,耽误了点时间,那是什么原因呢?"

在完成了访谈的问题之后,还需要进行回顾和小结。访谈者可以将访谈过程当中自己的总结,以提问的方式与被访者确认,如果访谈的内容比较多的话,也可以在每一个段落之后进行总结和确认,或者对一些关键性的问题,用自己的理解,向被访者进行求证。

访谈结束的时候,可以有一个自然的结尾。访谈者应该真诚地感谢被访者,与他分享他的人生经历和思考。无论被访者的故事是否符合访谈者的价值观,研究者都应该对被访者表示尊重和感谢。

访谈的主体部分的形式包括结构化和非结构化访谈。[1]

结构化访谈法

结构化的访谈通常对被访者提出的问题,有着严格的次序和内容要求。该访谈常常伴有封闭式的问题(有预设的答案,回答的人不需要展开)。如果团队当中有多个人进行外出访谈,他们要严格按照访谈提纲的顺序以及题目的内容进行。一般情况下不可以向被访者提示和解释,除非发现被访者明确误解了问题,才可以做适当澄清。结构化访谈对访谈者的技术要求比较低。访谈的完成率也比较高。

非结构化访谈法

非结构化访谈不需要遵照严格的次序。提问的内容也不需要完全按照提纲。访谈者可以灵活掌握,根据实际发生的情况,用自己的方式来进行提问,最终只要完成访谈所有的内容即可。非结构化访谈经常使用开放性问题,力图挖掘研究者事先不知道的任何内容。非结构化访谈对访谈者的技能要求比较高。即使是资深的研究者也可能会在一场精彩的访谈之后,发现自己漏了几个问题。因此非结构化访谈最好有1~2位助手。一位同时可以管理录音录像的器材,以确保设备的工作正常,另一位助手可以关注访谈内容本身,在提纲当中勾去已经完成的问题,最后清点是否有问题遗漏。

非结构化访谈是人种志调研中最常见的方法。由于它具有弹性的问题顺序和内隐式的研究目的,使得访谈更自然,也有利于研究者从轻松自然的谈话中获取更有价值且更深入洞察的内容。它常常看起来像研究者和使用者之间日常的对话。在非结构化访谈中,研究者可以顺着对话的自然进行,根据被访者的兴趣和关注点进行引导,这样会更有效。所以非结构化访谈经常会超出田野调查的问题范围。因此它也对研究者的技术有更高的要求,要求研究者既能弹性地拉开话题,让被访者进行兴致所致的深入剖析,展开精彩丰富的故事,同时,研究者又能够控制整个访谈的边界,使得话题最终能够回到自己研究的主线上来。在丰富内容和紧扣主题这两者的关系中,研究者需要具有较强的把控能力。另外,研究者也要合理控制时间,不要把被访者的激情浪费在无关的话题上太久。

非结构化访谈可以帮助研究者,对两个完全不同的个体的故事和想法进行比较,这将对研究者确定整个团体共同的价值观很有帮助。价值观往往会影响被研究者的行为。在设计调研当中也是如此。通过观察,研究者发现了使用者的诸多行为,但是这些行为背后是怎样的观念,需要通过访谈来获得。研究者在进行了大量观察之后,积累了对使用者诸多行为方式的了解。当研究者面对一个真实的使用者的时候,倾听他的故事,了解那些曾经观察过的行为背后的"隐情",发现使用者的故事能将诸多行为串起来。通过解释使用者行为背后的原因,研究者将更深入理解使用者。而这些原因的总和就是使用者的价值观。

如何保持非结构化访谈的流畅性?提问的一个技巧非常有帮助:请从被访者的答案当中,寻找下一个问题。比如说,一个使用者描述完他购物的整个过程后,研究者可以敏锐地抓到下一个问题,"你前面提到在商场购物的时候,用了一部手推车。请问你对手推车有什么样的要求?"

非结构化访谈的开始常常伴随着开放性问题。问一个地铁的使用者,"你在地铁里会做哪些事"(开放问题)要比问他"你乘地铁是否为了上班?购物?还是去郊游?"(封闭问题)得到的答案更具有启发性。更具有开放性的问题会是"请描述一下你上次乘地铁的整个经历?"在这个故事中,使用者将会把他的使用流程描述一遍。研究者只需要采集其中的行为即可。一个完整而有序的故事,要比零散的回忆来得真实而可靠。

封闭性的问题更具有明确的指向,因此非常适合在访谈的后半部分对使用者进行行为模式的量化和确认。比如在使用者说完他乘坐地铁的经历之后,研究者发现他乘地铁主要是用于上下班。那么可以问这样的问题:"我发现你使用地铁主要是上下班,通常在早高峰的上班时间和晚高峰的下班时间使用,是这样吗?"

因此,在访谈的发现阶段,研究者应该比较多提开放式问题,而在确认阶段应该多提封闭式的问题。

在研究者经历了多个不同的被访者交流后,他们会发现其中的一些人,条理更加清晰,对事件和团体的规律更为敏感,这样的人就成为优秀的关键角色或者报道人(Informant)[2]。关键角色可以提供非常详细丰富的细节信息,他们对人际关系的敏感,对事件发展当中的规律的洞察,以及对其中整体性的环境背景的意识和文化性的认识,对于研究者来说都是难得的启发性资料。

注释:

[1] 戴力农. 设计调研[M]. 北京:电子工业出版社,2016.

[2] 大卫·M. 费特曼. 民族志:步步深入[M]. 龚建华,译. 重庆:重庆大学出版社,2013.

第五节　自我陈述法与案例分析

自我陈述法

访谈中发现的关键角色或者报道人,可以考虑使用另一种技术进行深挖。研究者邀请他们使用自我陈述法来提供更为自由而丰富有洞见的资料。[1]

自我陈述(Self-statement)是通过个体对自己的使用过程和使用经历回顾,研究者进行描述,从而获取素材的进程。自我陈述可以是以谈话这一口头形式,也可以是以日记、笔记、问卷等书面形式。由于自我陈述是由被访者主动提供,其数据信度很大程度上取决于报告提供人的坦诚度。事实上,即使被访者完全真实地表达,那些根据记忆所做的报告,也没有直接观察下得到的报告可靠。因为这些被筛选过的回忆,受到了大脑的过滤,也被主观观念所影响,有时使得研究者很难从那些混杂着被访者想法的叙述中剥离出事实。另外需要注意的是,一定要在任务布置之初就要反复让被访者正确理解命题。如果收集数据时才发现被访者和研究者的想法大相径庭,将无法得到有效数据。这将极大地打击被访者和研究者双方。

自我陈述法是指由使用者根据研究者的问题,按照自己的经历提供素材。这类素材可以跨越很长的时间,可以跨越很长的物理距离,从庞杂纷繁的经历中剥离出只与主题相关的内容。它可以帮助研究者在短时间内收集到很长一段时间,或很多不同的地点(特别在涉及地点是研究者无法达到之处的时候更具意义)发生过的与研究主题相关的使用者经历,这些经历可以是自我陈述者本人的,也可以是他的记忆中其他人的相关经历,可以深刻地表达被访者的内省思想。这种研究方法可以极大地拓展研究者的视野,丰富素材来源。但是由于自我陈述法非常大地依赖于自我陈述者的诚信度和主观观念,它也可能出现信度和效度不足的问题。因此,正确地引导被研究者客观地陈述,设计出能促使被研究者围绕主题的研究方案,都是可以有效地控制自我陈述并提高信度和效度的有力帮助。

在"上海地铁调研"中,研究者收集的自我陈述来自不同的使用者:不同性别、不同年龄、不同身份,但同样使用着上海地铁。他们给出的故事远远超出了研究者所能调查的时间和地点。一些故事非常有趣,可能大多数使用者乘地铁都不会遇上。有些故事听上去稀松平常,是人们每天熟视无睹的内容,但是在陈述者心里有着和一般人完全不同的感受。

以下是研究者摘取的一些有趣的、有启发的故事,并且附上研究者当时的随想。这些案例对日后的研究都很有用,它们像碎片,将一幅画面填补完整,并且让研究者对使用者产生更深的理解,也帮助研究者在后面的研究中解释使用者的行为和揭示上海地铁使用的种种现象。

陈述举例:单向车站真讨厌

周末,赵珂从家出门乘公交去地铁莲花路站(1号线),她和婧约好了在那里的站台见面,打算一起去市区逛街。上了车赵珂发现这辆公交离地铁最近的车站是锦江乐园站。赵珂想,这也不错,可以从锦江乐园站乘1号线到莲花路站(1号线莘庄方向路线)和婧碰面。

当赵珂走上莲花路站站台时,却没有找到婧。可是婧明明说她已经到了啊!于是赵珂拨通了婧的手机,两个人才发现,赵珂站在从莲花路向莘庄方向行驶的站台上,而婧却站在对面——从莲花路向上海火车站行驶的站台上。原来这个莲花路站很特别。由于地铁站是户外的,所以两个方向的列车的站台在列车轨道的两侧,且两边站台没有打通!站台是单向行驶的!当时,赵珂甚至想过从站台跳下来走到对面站台再爬上去,后来想想风险实在太大,于是只好作罢。

最后,赵珂不得不乘上从莲花路站开往莘庄方向的列车,到终点站后,再反方向登上从莘庄开往上海火车站的列车,到莲花路站下来。终于和婧汇合了,然而这时已经比原定时间迟了一个小时。两个人都懊恼不已。她们不由得想,如果那个站台连在一起那该多好啊!

研究者分析:

事实上,无论国内还是国外,许多地面的地铁车站都是站台在轨道两侧的。在芝加哥的地铁站就有这样的车站,他们是建了过街天桥把两边连起来,走错的乘客可以不出站就到另一侧站台上去。其实,上海地铁后来允许走错站台的乘客到对面重新入站。但是,对于不熟悉的使用者来说,还是非常容易根据日常经验走错。如何提醒乘客避免走错,也是地铁设计需要考虑的。

陈述举例: 咬文嚼字的4号线

工作日上午10:00,闻女士(77岁,下岗女工)从4号线大连路站上车,她要去换1号线。她虽然经常乘地铁,但这两条线路换乘,还是第一次。

排队买票时,她发现4号线转1号线有两个站:一个是上海火车站,一个是上海体育馆。反正都是一样的价钱,她先买了票。6元钱!闻女士觉得有点心疼。上了车,她开始想该在哪里换车。最后,她觉得还是上海火车站比较好一点,因为现在车里人还是蛮多的,在火车站乘1号线可能遇上始发车,还能有位子坐;再者,以前听亲戚说曾将"上海体育馆站"和"上海体育场站"(这两站相邻,仅一字之差)弄错过,担心自己也会容易搞错。

闻女士准确地在"上海火车站"下了车。可是没走多久,她看见有个标牌写着"转乘1号线的乘客,请出站以后再进站"。没想到这么麻烦!人群涌动,她还没来得及细想就被大家推着出了站。刚过闸机她就后悔了,刚才不应该出站的,她可以回去继续乘4号线呀!于是闻女士一个人很郁闷地走过了乱糟糟脏兮兮的南北广场通道,又买了一张票上车。这次真是损失惨重啊!

回到家她迫不及待跟老公诉说今天的悲惨遭遇。老公反说是她自己没有看清楚:那种不出站的叫"换"乘,那种要出站再进站的叫"转"乘……啊,真是的,4号线怎么这么咬文嚼字?又是"上海体育馆——上海体育场",又是"换乘——转乘",太可恶了,谁搞得明白啊?

研究者分析：

这个案例说明，闻女士在买票时就希望知道各车站的一些情况，特别是关于转乘车站的信息。当闻女士到了车厢内，如果在"上海火车站"到站报站时，地铁能通过各种途径告诉乘客，在此换乘需要出站再购票，并告知其他可选择的换乘站，那么她不会出站。虽然，现在有许多手机软件可以帮助使用者了解信息，但是对于不使用智能手机的老人、儿童，还有不熟悉中国软件的外国人都可能有一定困难。

案例分析

案例，在英语里面是"Case"这个词，词典里的解释很多，主要的意思是"事例、事件、例子"（金山词霸），也含有"事实""现实"的解释。关于案例的内涵，因为每个人的背景和经历不同，专业和角度各异，所以对案例的理解和定义也不一样。

这里使用的案例专指设计研究案例，是一种特别针对使用者在使用过程中所产生的案例。设计研究案例可定义为"为了研究某些使用者，围绕其在使用过程中行为、情绪和内在感受所做的客观描述"。

这一概念包括三个要素：一是设计研究案例需要有明确的针对性。设计研究案例是为了说明使用者对某产品或事物的使用过程的研究而寻找的，一定要紧紧围绕这个研究的对象和其使用者才有价值。

二是设计研究案例中应包含一个或几个设计问题。设计研究案例往往是围绕一个或几个问题，对真实的使用者进行实地调查后，所作的客观性描述，但也不排除为了某一个研究目的，将多个不同的使用者的事实加以整合，设置合理的情节，放在一个案例中描述的。

三是设计研究案例必须以事实为依据。设计研究案例是来源于真实使用活动的真实事例，基本上应是对事实的白描式记录，不能虚构，一般也不作评论，要尊重事实、再现事实。

在书中多次用到案例分析的方法。

案例将许多典型的事件串起来，言语轻松，希望让读者"咽"得容易些。不过，食物的价值不取决于烹饪是否艰辛或复杂，就像色拉一样可以色香味俱全且营养丰富。

　　有时,案例并不是只记录某个使用者,或者不全部发生在某个真实的一天。研究者可以把一系列的事件和人物放在桌面上,用彼此关联的线索串联成一个案例。由这些人物把那些现象表演出来,然后进行分析。分析同样是轻松的,指向一些设计的发想,无所谓完整或实用。设计师需要开放的心灵,就要首先能接受开放的思想。

案例举例: 地铁故障

　　李雯到达江苏路站(3号线)的时间是8:30,她要去浦东的国际展览中心(2号线龙阳路站)和同事韩、邵一起去会场值班。3人约好了,各自乘地铁到展览中心再碰头。还没上车就收到韩的短信,说早上的地铁2号线出故障了。现在韩在浦东,地铁只能开到陆家嘴,然后就过不去了……车站里并没有关于故障的广播,李雯决定先乘过去再说。站台上人很多,明显2号线已经隔了一段时间没有来了。车来了,虽然人多但是还是都挤了上去,李雯被挤到不开的那边车门边上。

　　到了人民广场站,下了一大群人。李雯总算松了口气,心想可以轻松一点了。手机在"嘟嘟"地响,李雯又收到邵的消息说1号线换2号线的换乘通道已经关闭了。这个时候她乘的地铁也到了下一站,但是奇怪的是靠她的这边车门开了:居然又回到了石门一路! 李雯赶紧下车。原来现在的2号线以人民广场为分界线分成了浦东和浦西两段,而且浦东只能开到陆家嘴。她出站后直接从南京西路打车去浦东,这时的地面交通也堵得不行,特别是通向浦东,不论是高架还是隧道。

　　李雯在9:40赶到了展览中心……幸好今天是十点开门,作为工作人员还有一点准备时间。

　　李雯想到上次在上海体育馆站也曾碰到过地铁故障,但那一次是到站以后清客。之后过一分钟就有另一辆地铁开来,虽然里面有乘客,但基本上大家都可以挤上去。

案例分析:

　　地铁作为交通工具,出故障总是难免,虽然这会给许多人造成麻烦。一旦故障发生,如何尽量减小对乘客的影响就是一个重要的问题。除了尽快地解决列车或线路的问题。对于使用者来说,及时有效地通知相关线路的乘客是这种情况下非常必要的措施。有时,故障本身造成的混乱并不可怕,但是其后源源不断汹涌而来的人流大潮会造成难以控制的局面,甚至会造成惨剧。

投射技术

心理画

投射技术(Projective Techniques),是指人种志学者用一项事物来询问参与者,通过参与者的回答,揭示一些个人的需要、担心、爱好和世界观。投射技术,也是一种常见的心理学方法,经常用于心理学家了解参与者一些无法直接表达的心理感受。经典的投射技术如罗夏墨迹测验。

比如,人种志的学者拿被研究者童年的照片给他看,并让他们对照片进行解释,这样可以使学者了解他们心中的社区图景是怎样的。还有的人种志学者喜欢拍照观察人们的反应。当研究者对着被研究者拿起相机不断调焦时,被研究者的反应,往往体现出他的性格,有些是大胆甚至性感的,也有一些会很害羞。让被研究者谈一下他最喜欢的电影,并且询问原因,研究者可以从中了解到被研究者的偏好和价值观。有的研究者甚至用梦来进行投射。

投射技术的风险是文化上的偏差。由于研究者对文化的主观理解局限,使得他对投射技术采集到的使用者的信息可能存在曲解。因此,由投射技术得到的一些研究的发现,一般需要用其他的技术来反复核对,才可以使用。投射技术对于田野调查来说是一个有力的补充,但它不能替代田野调查。

投射技术还可以帮助研究者了解那些不能以常用方式交谈的对象,如小孩。

在一个对亲子家庭调研的项目中,研究者希望了解孩子和父母的关系。研究者请孩子画一幅叫"我的家"的画,然后讲一个故事。当孩子解释画中爸爸妈妈在做什么、他自己在做什么的时候,研究者试图进入孩子的心理情感空间。有经验的研究者发现孩子在画中跟自己更喜欢的那一方距离会更近,有更多的关联。当研究者希望了解孩子对父母教育方式的反应的时候,他们再一次采用了投射技术。他们让孩子许三个愿,在这三个愿望中,经常伴有"我从此再也不要做作业了""我希望妈妈种许多花,她最喜欢花了"。研究者结合父母介绍的管教方式以及孩子的日常作息,可以更深入地感受孩子对这些事物的态度。

从一些角度来看投射技术,它还带来一种非伤害性的挖掘。被研究者可以通过投射技术使用的载体来表达自己的观点,特别是那些社会所不能接受的观点。

注释:

[1] 大卫·M. 费特曼. 民族志:步步深入[M]. 龚建华,译. 重庆:重庆大学出版社,2013.

第六节 实验法及其他

人种志的方法并不能完全满足设计调研的需求,但它可以很好地将研究者引入真实的使用者的处境,使得研究者充分感受到使用者的感受并接近他们的观念。

其他的一些方法也可以作为补充,与人类学方法配合实现对项目目标的完成。

实验法

完美研究的两个敌人:时间和人力。永远没有足够的时间!永远没有足够的人手!可是,我们还得"Get the job done!"(把活儿干完!)

观察法依赖自然发生(虽然有时候可以人为布景),需要大量的时间和人力的保证。时间不充足,人手不充足,无法像人类学家那样有足够的时间深度沉浸在使用者的世界里。观察法没法实现它的最大张力。在项目周期紧张的时候,实验法可以帮助研究者迅速验证一些假设。

传统的人类学人种志学家很少使用实验法。但是,对于周期不长的项目,实验法是非常有必要的工具。实验法更多在调研的中期引入。通过田野调查,研究者对研究对象已经有了初步的认识,形成了一些假设。由于田野调查的局限,使得样本采集数量有限,观察到的现象具有较强的偶然性。如果需要确认,由此形成的假设是否正确,或是否具有普遍性,那么,上文所说的实验法就是一种最有效的工具。

在一个以人种志为基础的设计调研中,实验法可以引入人种志的一些研究方式,比如可以选择在真实使用的环境里进行实验,或者采集真实环境的照片作为实验素材,招募更多元综合的被研究者来进行测试。在"上海地铁调研"项目中,研究者设计的"有效提高地铁识别效率"实验采用了真实环境的现场实验(实验1)。"地铁空间里装饰的认知实验"(实验2)和"使用者对地铁环境的认知实验:眼动仪实验"(实验3)则使用了上海和各国地铁真实的场景照片进行测试。

实验1:有效提高地铁识别效率

为了解设计对使用者识别效率可能带来的影响,研究者在上海地铁1号线莘庄站进行了人流评估实验。研究者在莘庄地铁站的候车站台进行实验。选取了车厢中间的车门,实验在2006年进行,当时的莘庄地铁站还没有增加中部的电梯。人们上到2楼必须通过站台的两端的楼梯走上去。因此在中间偏一侧车门出来的使用者必须做出选择,是往左或者是往右(目测到达两侧的楼梯的距离差不多,但实际有长短)。作为引入实验导向元素的研究者在两组测试时会站在车门口。第一组的测试是车门打开的时候,研究者领先向左走(引导走较短的路,属于正确方向);第二组是向右走(引导走较长的路,属于错误方向);第三组自然状态下,即没有任何引导,让使用者自己决定走向。站在站台上的研究者将记录每个使用者决策的方向和时间。

通过对引入导向元素前后进行比照,表2-2为部分实验数据统计(局部截图):

表2-2　地铁人流导向实验数据统计(部分)

	无引导			
	直接向正确方向	直接向错误方向	超过5秒作出决定	总人数
人数	10	0	0	10
	6	0	4	10

无引导			
直接向正确方向	直接向错误方向	超过5秒作出决定	总人数
8	1	1	10
10	0	0	10
百分比 89.56%	1.49%	8.95%	100%

进行错误引导			
直接向正确方向	直接向错误方向	超过5秒做出决定	总人数
人数 2	8	1	11
0	6	0	6
2	0	4	6
1	3	6	10
百分比 13.63%	54.55%	31.82%	100%

根据实验结果可以发现,在引入导向元素后,使用者会更大程度上依赖导向元素来对站台空间进行判别,也就是说,导向元素能够在很大程度上改变使用者对站台的识别和认知。而由于实验中做出的是错误方向引导的尝试,如果是更符合使用者记忆认知的正确导向,更能在极大程度上减少使用者识别方向和位置所花费的时间,缓解由此类情况造成的人流拥堵,大大提高使用者的识别和自我导向效率,并最终提高地铁的快捷性。

实验2: 地铁空间里装饰的认知实验

实验的目的是希望测试被研究者能否通过装饰在短时间内识别新的地铁站。被研究者是那些从未到过这些地铁站的人们。

实验过程如下：挑选出若干个世界各地有较强装饰风格的地铁站作为实验图片。实验图片(见图2-4)分为两组,第一组是来自若干个不同城市的地铁,第二组图片是分别对应第一组不同角度拍摄的并有相同的装饰元素在里面的照片。然后,让被研究者浏览第一组图片并告之对应的城市名,使被研究者经过快速浏览后进行记忆,接着让被研究者看第二组图片。用照片匹配的方法让被研究者说出第2组图片属于之前第一组的哪个城市,记录重要信息。测试后进行访谈,让被研究者说出记住的原因。最后进行数据的归纳总结(见表2-3)。

| 香港地铁 | 香港地铁迪士尼站 | 纽约 |

| 伦敦 | 莫斯科 | 斯德哥尔摩 |

| 多伦多 | 巴黎 | 华盛顿 |

图 2-4 若干实验图片样张

表 2-3 数据表(局部)

年龄	分钟	遍数	华盛顿	多伦多
17	5	3	柱子样式和顶部形态	无印象
20	10	3	地板,天花板	墙面黄色条纹状装饰
25	3	1	柱子的形状,整体风格	无印象
48	5	2	天花板的构造,柱子的表现形式	觉得是黄色条状的风格

年龄	分钟	遍数	华盛顿	多伦多
22	3	1	天花板的构造	无印象
21	4	1	顶部构造，很宽敞	无印象
22	3	1	顶，宽敞，空间很大	黄条子
56	6	2	顶的构造	无印象
31	3	1	顶，柱子	无印象
28	3	1	顶部宽敞感	无印象

年龄	分钟	遍数	香港	伦敦
17	5	3	柱子的形态，图案	（多伦多）猜的
20	10	3	柱子的形态，图案	无法判断
25	3	1	柱子的形态，图案	猜的
48	5	2	柱子的形态，图案	无印象
22	3	1	绿色的柱子	地面
21	4	1	绿色的柱子	灯光照明的感觉
22	3	1	绿色的柱子	去过。地面。站台布置
56	6	2	柱子的形态，图案	国外的
31	3	1	不清楚	黄色的灯光
28	3	1	柱子，绿色和黄色的星星	猜的

年龄	分钟	遍数	斯德哥尔摩	纽约
17	5	3	无法判断	破旧的墙面
20	10	3	无法判断	破旧的墙面
25	3	1	无法判断	破旧的墙面
48	5	2	无法判断	破旧的墙面
22	3	1	无法判断	破旧的墙面
21	4	1	无法判断	破旧的墙面
22	3	1	无法判断	破旧的墙面
56	6	2	无法判断	破旧的墙面
31	3	1	无法判断	破旧的墙面
28	3	1	无法判断	破旧的墙面

从测试结果与访谈记录来看，装饰的确可以帮助乘客们识别地铁空间和起到导向的作用。

在实验的若干个城市中，不易被识别的车站有斯德哥尔摩、多伦多和伦敦地铁。而造成大多数人无法识别的原因是其地铁没有明显或特色的装饰。

比如伦敦地铁站,被研究者基本无法在短期内辨识。即使个别判断正确的也都是通过其他方式。多伦多地铁站只使用少量的材质做墙面装饰,被研究者几乎无法辨认。

再来看看那些易被识别的车站:莫斯科、香港(迪士尼)、巴黎和纽约的地铁。

其中,莫斯科、香港(迪士尼)地铁车站是最容易被识别的。装饰的运用无疑起了很大的作用,不管是香港迪士尼站的图案、小装饰物,还是莫斯科的整体室内装饰,维也纳地铁绿色楼梯的设计都能在提高美观度的同时很好解决导向性这个问题。

与此同时,研究者也看到一个特例是斯德哥尔摩地铁,它各站装饰风格迥异,虽然也具较高的识别性,但由于差异过大、缺乏关联的车站装饰使得被研究者无法认为它们来自同一条地铁线路。

通过数据整理,研究者发现,被研究者在观察地铁站点的照片时,其对空间的认知度可以用空间装饰的分类作为参数来寻找地铁站点识别的规律。研究者将其划分为四个方面:

(1)统一整体室内装饰;

(2)醒目的大面积色彩装饰;

(3)小品装饰物;

(4)图形图案装饰。

实验3:使用者对地铁环境的认知实验:眼动仪实验

眼动仪是一种科学仪器,它能跟踪并记录被研究者观看时的目光轨迹。静态图片分析的眼动仪的工作方式是被研究者坐在眼动仪屏幕前面,观看屏幕上显示的照片,然后仪器记录下被研究者研究观察图片的目光轨迹(每个被试的测试结果都呈现为一张动态的"轨迹图")。当被研究者的人数多起来的时候,可以将数个被研究者的眼动轨迹结果叠加,得到图片的哪些部分被瞩目的程度最高的统计结果,及其可视化的"热点图"。

参加实验的被研究者人数为50人,男女比例相当,这个样本量对于眼动仪实验来说已经不是个小样本了。从实验过程看,其形成的结果是比较有代表性的。

但是实验还是有一定的局限,特别是,由于所有参加眼动仪实验的被研究者都是在校大学生,年龄、知识背景等方面都很相似,所以无法完全模拟社会上不同乘客的真实反应。

地铁空间封闭,在不同的时段,人流的拥挤程度差异巨大。而拥挤导致部分可视物被遮挡,乘客视野狭小,而空间稀疏可让乘客视野开阔。于是实验在拥挤状态与不拥挤状态两种情况下进行。实验的材料图片分为两组,每组 36 张,均来自上海地铁各站点的现场照片(见图 2-5)。

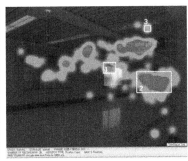

图 2-5　左图为眼动仪实验所用的原始图片,右图为实验后得到的热点图

实验中所定义的使用者对地铁环境的视觉属性主要包括以下几个方面。

大小:被视物的可视体积。

色彩视觉属性:指被视物色彩三要素(色相、明度、纯度)以及其发光程度的综合值,主要用来度量该被视物给人带来的视觉冲击力的程度,分三档,3 最强,1 最弱。

外形轮廓:指被视物的大致形状,分为可识别型和不可识别型(通常是负形),可识别型又分为几何型(大致是简单的几何形状)、有机型(其形状大致可以用人们生活中常见的人或物体来描述)和复杂型(无法用常见事物描述,但是有可视体积感)。

图案复杂程度:指被视物的表面由色彩、肌理等产生的图案的繁复程度。

肌理:纸质、金属、玻璃、塑料、布质、石质、木制。

环境对比度:指被视物和其所处环境的对比程度,分三档,3 最强,1 最弱。

通过数据分析(见图2-6)可以得出,在地铁环境下,相对图案、大小、肌理等属性可视物的外形轮廓与色彩属性在拥挤与非拥挤两种状态下,后者会受到乘客更多的关注。

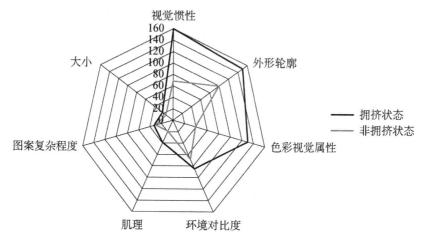

图2-6　使用者在地铁环境中各视觉属性的比较(在拥挤状态和非拥挤状态)

在地铁内空间中,外形轮廓明显的形体构造或经过设计后的色彩特征,是导向与识别的有效因素,特别对于拥挤的站点而言。而这个结论也从实验的角度说明北京雍和宫站独特构造与香港地铁各站点以不同颜色区分都是有效的。

以上海地铁为例,尽管各线路有其标志性的颜色(比如1号线为红色,2号线为绿色,3号线为黄色等),但各站点内部布局类似、大体颜色相似、缺少醒目特征,使乘客在辨认站点与进出车站需要花费更多的精力,降低了站内人员的流动性。而这个问题不仅存在上海地铁,而且也不同程度地存在于其他城市的地铁中。

从图2-7中可以看出,在这两种不同状态下,色彩属性的变化率要高于外形

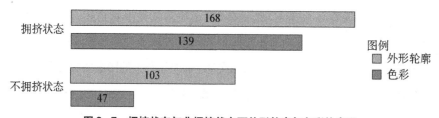

图2-7　拥挤状态与非拥挤状态下外形轮廓与色彩的表现

轮廓的变化率。也就是说,在拥挤状态下,色彩的瞩目度要远高于非拥挤状态下的瞩目度。而在访谈中也能得到如下信息,在拥挤状态下,被视物的外形轮廓会被大量的人的形体干扰。而在这种状态下,能被看到的颜色只要达到一定的面积就能获得足够的识别。

于是可以得出一个结论:使用者在非拥挤状态下,更易识别形态明显的形体;而在拥挤状态下,鲜明的色彩更适合成为使用者的识别与引导因素。所以建议对于人流量大而集中的地铁站点或线路比较适合以色彩为主导进行设计,而相对人少、松散的车站则可以考虑以富有特色的装饰物来装点车站,甚至也可以考虑在图案复杂程度、肌理等方面做文章。

文献阅读和其他间接资料收集

生活在信息时代的研究者,恐怕无法想象不利用已有的资料做研究。站在前人的肩膀上,视野才会更宽阔。当代的间接资料收集不再只局限于传统的报纸、杂志、书籍中,网络提供的数据十分庞大,是当代的研究者不可忽视的重要资料。它为研究者提供的信息远比传统信息工具要快捷、丰富。

文献阅读和其他间接资料收集通常在人种志调研的开始阶段,通过了解以往研究者对这个领域的研究,可以迅速积累经验,并且对一些已经完成的研究,直接引用结果而不必再去耗时耗力重复工作。

对于网上的资料,研究者的引用需十分谨慎。在研究的过程中,不止一次发现错误。避免错误的方法是求证。因为网上的以讹传讹实在太多,有时甚至不乏恶意胡搞。因此,对于网上任何的东西,研究者应该尽量通过各种渠道去求证其可靠性。比如在关于地铁研究的项目中,就发生过这样的一个事情:当时研究者找到一个在网上盛传的帖子,帖子中讲日本地铁有一组"优先席"的标识,很让人在理解上产生歧义。帖子写得栩栩如生,还附了照片,显得非常真实。可是该帖对日本地铁的标识设计有丑化嫌疑。研究者找到曾在日本留学的朋友,他很负责地帮研究者在日本的地铁和网站寻找,最终发现那个帖子不符合事实,是有人故意恶搞。

当然无法求证的地方还有很多,能避免出错的方法是尽量引用官方网站报道,并且对于引用内容一定要注明出处。这本身也是每个研究者应该做到的科学态度。

比较研究

比较研究是社会科学常用的研究方法。在设计研究中的运用可以使得研究者通过不同载体的表现来了解事物的多样性和丰富性。比如,对不同年龄的使用者使用牙刷的比较,可以得到不同年龄段的使用需求,有些需求是相似的,有些需求是明显不同的。由此,如果提炼那些共性的部分,可以开发大众型的牙刷;如果侧重不同年龄段的特征因素,可以开发针对某个年龄段的特殊型号。

比较研究还有利于通过差异化的特征探索发现事物内在的规律。比如,通过不同地点的个案比较,可以发现地点这个变量对使用者的影响、对使用行为的影响、对使用效果的影响,这些不同的结论可以包括客观的事实,也可以包括主观的评价。

在对上海地铁的研究中,研究者的研究对象不只有上海。为了作出比较,笔者亲身调研了不少城市:纽约、芝加哥、华盛顿、旧金山、香港、首尔、多伦多、北京、深圳、南京……朋友们把我们的视野带向了东京、大阪、巴黎、莫斯科、洛杉矶……

了解事物的途径有两条:一条来自自己,一条来自他人。研究者观察上海的地铁,研究者也分析其他城市。

通过比较可以让研究者对"上海""地铁""使用者"有更深的理解。

比较,不仅仅是对设计的比较。笔者认为,只停留在对设计进行比较是很狭隘的。设计师,虽然最后给出的是一个设计的方案,但事实上,给出的结果反映的是设计师对特定事物的理解和看法,也包含了他的整个观念。设计为人,设计师的设计反映了他对使用者的看法——他要使用者去体验。

可以发现,不同国家、不同城市的使用者的体验是多么的不同!听:日本地铁的静谧,纽约地铁的流浪艺声,上海地铁的如潮喧闹,这正是不同文化的行为反映。看:东京地铁里的口袋书,芝加哥地铁的麦当劳袋子,上海地铁的早饭铺子,每一样都折射着城市的市民生活。甚至,有人说,不用说,不用看,只要闻一闻,就能感受上海地铁的气氛。我们相信,闻得出上海味的鼻子,也一样闻得出异乡的风味。

似乎研究者比较的还是人的体验,但眼前的设计和背后的文化终究会浮出水面。

比较能帮助研究者看到熟视无睹中的异类。比较能帮研究者从别人的镜子里读懂自己。

问卷法

在前文中谈到过以问卷为主的设计调研存在设计师主观先入为主的问题。在调研之初就通过问卷法来采集数据是有很大局限的。除非设计项目,已经知道问题所在,并且明确知道,关于这个问题有几种选择。仅有这种情况才适合直接用问卷来寻求结论。对于创新性的设计项目,研究者在开始阶段,甚至不知道去找寻找什么问题。因此使用人种志的调研方法会有助于研究者发现问题。

基于人种志的设计调研在中期阶段也引入问卷法。与实验法相似,当研究者通过大量的田野调查采集到丰富的数据,形成了初步的假设之后,问卷法可以帮助研究者迅速获得大量样本以检验初步假设是否具有普及性,还是仅仅是某个个体的偶然事件。

调查问卷可以视作为一种更正式更严格更多量化的访谈。作为一种验证的研究方法,它和访谈法有着截然不同的目标。因为前期的田野调查提供了问卷的内容,也就是合适的问题以及答案选项。人种志学者,使用调查问卷来检验具体的概念或行为模式的假设。[1]因此,问卷法在人种志设计调研中,也可以成为一个非常好的检验工具。比如李克特量表就可以非常准确可靠客观地表现使用者在特定事情上的态度。[2]通过统计,可以更准确地反映群体的观念倾向。关于问卷法,详见拙著《设计调研》。

注释:

[1]大卫·M.费特曼.民族志:步步深入[M].龚建华,译.重庆:重庆大学出版社,2013.

[2]戴力农.设计调研[M].北京:电子工业出版社,2016.

第七节　分析数据阶段

分析数据

通过引入人类学的方法,研究者收集到大量丰富的描述和数据。这些素材可以帮助研究者看到使用者的真实生活和真实的使用状态,然而仅仅拥有大量的素材还远远不够,要使之形成设计概念,还需经过推敲才能最终成为设计方案,这个既科学又艺术的阶段是分析数据阶段。

分析数据是人种志调研的核心阶段,是它有别于传统设计的重要部分,它使得人种志调研既能弥补现代主义的过度功能局限,又不至于沉迷于后现代设计,一味追新猎奇之中,并使得人种志调研成为真正为使用者着想,能极大地满足使用者需求的真正设计。

分析数据阶段的内容包括:整理、诠释、分析数据。

正如在人类学的研究中,许多时候不同的研究内容经常交织在一起,甚至可以看到人类学家在分析数据时,会重新补充收集一些数据。在人类学的分析数据阶段也同样是整理、诠释、分析数据同时交织进行。

分析数据的方法不仅仅可以借鉴人类学,大多数社会学研究都有不同的方法。比如借鉴经济学使用的方法,如调研分析时用的 SD 法等。需要注意的是,数据分析的方法和收集数据息息相关,所以应考虑到在设计计划时用哪些方法研究,在收集素材时要使用相应的方法配合。也可以先按照比较可行、优化的方法收集素材,然后再设计分析方法的配合方案。需要指出的是,在人种志调研中,并没有固定的套路,也没有放之四海皆适用的方法,设计是既科学又艺术的学科,它的研究也既可以进行一定的规律总结,又不得不在具体情况中灵活变通。

在这里,介绍一些人种志调研中常用的方法及其理论支持。这些方法可以应用于大多数案例,但是如何运用还需设计师自行组织。

主要方法

归纳分析

庞大的数据或素材,它们可能被按照事物的归类分析形成一定的结构层次。比如,当你想描述一个学校的组织结构的时候,你会发现,这个组织结构分为教学、行政、后勤、学生管理等若干个大的分块。每个部分下面又能分成若干个小组,每个小组又有着更细的条目。对于整理有着明显的层次结构的数据,最好的办法就是用树状分析图。图2-8的例子是关于某使用者在使用手机时提到需要哪些功能。可以看到在每个功能的内容中他都有多种要求。其实,如果细细探究下去,还可以对第二级的功能进一步扩展。如发短信至少还可以分为群发、单独发等。

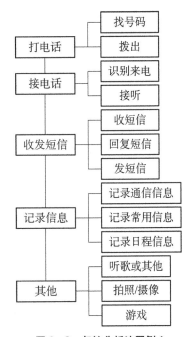

图2-8 归纳分析法图例1

树形分析图的技巧是要保证每一个层次的合理性和全面性,同一层次的条目之间是区别还是交错都要分明。分类的依据要能覆盖到所有的数据。并且,注意条目的用词要保持一致,如果用名词,所有都为名词;如果是动词,所有都为动词。

但是,有时候遇到的数据不一定有着严谨的结构,松散的数据很难在分层中归出章法。这个时候,整体数据虽然有着一定的规律,但是再细分下去就有些困难了。图2-9是IIT的一项研究中所做的分析归纳图。它将某个使用者乘飞机的过程分成大的三个部分,每个部分中并没有再进一步分层,而是把属于这个部分的所有具体条目放在一起。这样分析可以让研究者进一步从纷杂的数据堆里整理出头绪。比如,可以用案例将某些散点串起来。如图2-9所示,黑线可以代表某个使用者在使用中涉及某些具体的项目,灰线则代表另一个使用者的行径。这样,如果使用这样的方式分组,可以看到不同组的使用者有着什么样的共性,从而分析不同组之间的差异。

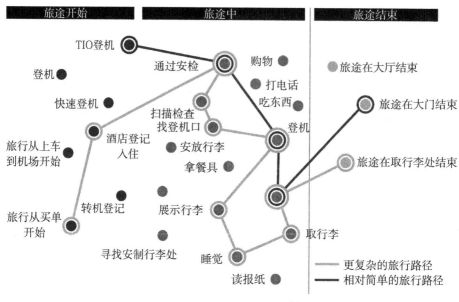

图 2-9　归纳分析法图例 2[1]

统计分析

在采集数据阶段,需用定量的工具采集数据,比如,采集用户的态度评估。这些数字型数据,可以用统计分析的方法进行分析。最常见的方法是表格饼图。常见的有饼图、折线图、柱状图这一类数量的分析图。它们可以比较数量的大小关系、趋势变化、占比关系和相关性。

如果在数据采集阶段使用了问卷,在数据的分析阶段就会有更多的方法和工具。由于本书侧重人种志调研数据,多为描述型数据,这里就不展开介绍了。关于各种量化数据分析,详见拙著《设计调研》。[2]

注释:

[1] 图片来源:www.id.iit.edu.

[2] 戴力农.设计调研[M].北京:电子工业出版社,2016.

第八节　整理环节与流程

环节与流程

　　用流程分析的方法来分析人种志调研素材是一种非常有用的方法,特别适合在整合素材的最初阶段,它也是一种能将大量素材理出头绪的有效方法。可以帮助研究者对整个课题有一定结构化的理解。

　　流程分析法对于分析庞杂繁多但线索丰富的素材十分有用。比如说,观察一个家庭如何使用电视机的情况,通过观察法可以得到上百张不同的行为记录。如果有 5 个家庭,就有六七百张照片和记录。这么多素材,新手会无所适从,不知如何着手。这个时候,就可以凭借流程分析法来理清初步的思路。

　　最常见的流程图类似于图 2 - 10。按照时间顺序将所有素材排列成横向或者纵向的序列,形成一套包含各个环节的流程图,也可以在图上对各个环节进行定义,甚至简单地注明在图上。如图 2 - 10 所示,顾客进入麦当劳的使用流程包括:入堂(进入店堂)→点餐(在柜台前购买食物)→进食(吃饭)→

图 2 - 10　流程分析法图例——麦当劳顾客流程

离去(离开店堂)这样 4 个步骤。当我们和常见的餐饮店的顾客流程相比较时,会发现麦当劳的顾客流程是非常简化的,它减少了"领位""买单""更换盘碟"等数个步骤。

　　这个流程分析方法的关键在于要找到合适的线索。这个线索通常是时间或者事物发展的顺序,有时候也可能是某个在整个事物中起串联作用的因素。它像一根绳子,一旦拎住它,就可以把整个事件串起来。

　　有时候,在分析流程时会发现流程并不一定是单线行进的,一条线索走到一定阶段可能会出现几种选择,不同的选择会导致不同的子流程。因此整个流程会分叉,形成复杂的图形。

实战操作—上海地铁调研—环节与流程分析

通过行为流程分解行为过程

由于上海地铁牵涉的空间比较复杂,观察得到的数据也非常丰富。通过对不同时间、不同地点、不同对象的 12 例上海地铁乘客的跟踪观察,研究者将所有的乘客行为列出来。经过整理合并相似的行为,罗列出典型的上海地铁使用者行为。再按照流程,简化为以下一些环节:

找车站(车站建筑外)—进入车站—买票—检票进站—进入外层站台—到达候车站台—上车—乘坐—下车—离开候车站台—换站台—到达候车站台—上车—乘坐—下车—离开候车站台—离开外层站台—检票离站—出站—离开车站(车站建筑外)

可以看到,由于换乘,有一些行为是重复或是重叠的,所以可以整合整个行为流程为以下 14 个环节:

找车站(车站建筑外)—进入车站(含买票)—检票进站—进入外层站台—到达候车站台—上车—乘坐—下车—离开候车站台—换乘通道—离开外层站台—检票离站—出站—离开车站(车站建筑外)

定义行为环节

在定义这些行为环节的时候,研究者不仅依据上海地铁使用者的行为,也参照行为发生的地点和范围。

为什么要在定义行为环节时,用地点和范围来作为界定?因为如果一味追究使用者行为本身,行为的多样性会使得研究变得无法归类,环节与环节之间也会存在模糊性。这些时候,地点可以帮助研究者定义流程环节。比如,研究者曾对"上车"和"到达候车站台"("下车"和"离开候车站台"也存在同样的问题)这两个行为环节有过争议。因为"上车"这个概念只是一个行为描述,那么那些站在离隧道很近,但又不站在候车区的行为算哪个环节的呢?有的人说,它们不是"上车"的行为,比如有人在那里把屏障玻璃当镜子照。可有的人又说,它们应该算是"上车"这个行为环节,比如那些张望车来了没有之类的行为。为了能清晰定义,研究者按照候车区域,定义"上车"这个行为环节是"候车站台离隧道2米以内的长形地带"这个范围,不管是什么行为和现象,只要出现在这里并在上车前(下车后算"下车"行为环节),都作为"上车"行为环节。

具体对各个行为环节的定义如下。

找车站(车站建筑外):

指在车站建筑外,从街上有地铁标志开始,与乘地铁有关的所有行为和现象。也包括从远处观看地铁建筑的外形。

进入车站(含买票):

进入地铁车站,检票进站前所有行为和现象,包括买票、等人、购物。也包括地铁建筑的入口处发生的所有行为和现象。

检票进站:

仅仅指检票进闸机这个过程中发生的所有行为和现象。

进入外层站台:

上车前,从乘客检票进入后,到到达等候列车的候车站台之前这一段的所有行为和现象,一般包括检票进入后和上下的自动扶梯、楼梯的那块空间,不包括候车站台区域。

到达候车站台:

上车前,在等候列车的候车站台上的所有行为和现象,不包括离隧道2米以内的长形地带中的行为。

上车:

在等候列车的候车站台上离隧道2米以内的长形地带中发生的所有行为和现象,不包括下车时的行为和现象。

乘坐:

在车厢内发生的所有行为和现象。

下车:

下车后,在候车站台上离隧道2米以内的长形地带中发生的所有行为和现象,包括部分在车厢内与下车有关的行为。

离开候车站台：

下车后,在候车站台上的所有行为和现象,不包括离隧道2米以内的长形地带中的行为。

换乘通道：

与换乘有关的所有行为或现象。

离开外层站台：

下车后,离开候车站台之后、乘客检票出站前与进入外层站台的所有行为或现象,但必须是在离开过程中发生的。

检票离站：

仅仅指检票出闸机这个过程中发生的所有行为和现象。

出站：

在地铁车站内,检票出站后的所有行为和现象。也包括出车站后,在车站出口处的所有行为和现象。

离开车站建筑(车站建筑外)：

指在车站外附近短时间内的与地铁相关行为和现象。

给行为环节分组

在这14个环节中,有些环节在物理空间上是重叠的,其中的许多行为有着极大的相似性,因此,在对这些相关环节的行为进行分析时可以把它们放在一起,并进行一定的比较。比如,"检票进站"和"检票离站"这两个行为环节都是发生在检票机这里,一个是检了票进站,一个是检了票出站。使用者在这两个环节的行为也有着极大的相似性。

根据物理空间的重叠性,把14个上海地铁使用者行为环节分成以下8个环节组：

(1)找车站(车站建筑外)—离开车站(车站建筑外)；

(2)进入车站(含买票)—出站；

(3)检票进站—检票离站；

(4)进入外层站台—离开外层站台；

(5) 到达候车站台—离开候车站台；

(6) 上车—下车；

(7) 乘坐；

(8) 换乘通道。

整合分类行为

对各环节的观察不仅仅是观察使用者的行为。虽然研究是以使用者的行为作为对象,但是这里的观察也包括各环节中存在的现象。这里所说的"现象"是指在环节定义范围中出现的物品、服务和与之有关的可能行为。比如,在候车车站上有一个逃生标识,虽然研究者无法观察到人们在危急时刻如何用它,但仍可以把它记录在这个环节中。这里比较棘手的是,记录现象时,很难精确地把它归类到合适的环节中。比如,刚才提到的逃生标识,是把它放在"到达候车站台"还是"离开候车站台"呢? 通常情况下,研究者会按照估计——由于它在"到达候车站台"被使用的可能性更高(因为人们在"到达候车站台",比"离开候车站台"停留的时间多,所以使用此标识的可能性要更高),因此把它放在"到达候车站台"这个环节中。

这里以"乘坐"这个环节为例,从 117 项观察中,研究者整合出 24 项行为组。

各种等待的行为	各种移动的行为	各种寻找定位信息的行为
各种保障安全的行为	各种携带的行为	各种保障生理要求的行为
各种认知信息的行为	各种解决卫生问题的行为	各种为实现快速性的行为
各种为实现舒适性的行为	各种通信的行为	各种寻找导向性信息的行为
各种交往的行为	各种工作学习的行为	各种聚集的行为
各种对地铁环境审美的行为	各种尊重他人的行为	各种饮食的行为
各种得到宣传信息的行为	各种助人的行为	各种休闲娱乐的行为
各种购物的行为	各种展示自我的行为	各种促进健康的行为

上海地铁使用者行为举例说明(见图 2-11 至图 2-19):

(1) 各种寻找定位信息的行为。

行为举例:

歪着头,看对面上方的线路图。

图 2-11　寻找定位信息举例

（2）各种保障安全的行为。

行为举例：

车内的巡逻保安发现状况。

图 2-12　保障安全举例

（3）各种为实现舒适性的行为。

行为举例：

坐在座位上,睡着了。

图2-13　实现舒适性举例1

行为举例：

站着,睡着了。

图2-14　实现舒适性举例2

（4）各种携带的行为。

行为举例：

车厢里的乘客带着各种行李。

图2-15 携带举例

（5）各种聚集的行为。

行为举例：

车厢内一群人站着、坐着，围成一圈聊天。

图2-16 聚集举例

（6）各种的行为。

行为举例：

老人站着,无人让座。

图2-17　尊重他人举例

（7）各种得到宣传信息的行为。

行为举例：

英国诗展示。

图2-18　得到宣传信息举例

（8）各种展示自我的行为。

行为举例：

穿着大胆,吸引了不少眼球。

图 2-19　展示自我举例

设计发想—上海地铁使用者的设计研究—设计应用举例

经过对行为现象的整理,归纳定义出上海地铁使用者的 14 个行为环节,在此归纳的基础上,可以反过来把纷杂的行为再次整合归纳成为若干组行为,虽然每个组的行为表现可能各不相同,但是它们背后的使用者动机是相似或者一样的。这种整合十分有利于设计发想的产生,某种意义上,虽然对流程的整理和对现象的简单归纳无法作为系统性的、深度设计的基础,但这个较浅表的数据整合已经可以成为设计源或者设计的基础。

选取几个"乘坐"环节的行为整合作为设计发想的例子。

(1) 设计发想举例:为满足使用者实现舒适性的行为。当研究者看到那些不仅在座位上睡着,站着也会睡着的乘客,那些为了轻松一点把行囊放在地上的旅者,那些千辛万苦挤进人群,就为了能站在门口靠着挡板略作休息的工作者,那些忍受着旁人的白眼坐在自己的行李上的出城务工人员……研究者读出这些行为后面的使用者动机:使用者不仅需要使用地铁,更希望使用舒适。

作为设计师,面对这样的问题时,设计地铁不再是一个机械的计算乘客密度和座位数量比例的过程。简单举例,上海地铁原来老 1 号线和现在一些新列车的座位有着不少细节上的不同:原来老 1 号线车厢中座椅的座面是一块平板,冬天最常见的情况是乘客穿着厚衣服，一排坐 6 人；夏天大家穿得少，一排可以坐 7 人，有时候也坐 8 人。而新的列车座面设计成了有弧形凹凸的座椅座面，坐上去舒服多了，而且 6 个人的座位别想坐 7 个人！从表面上看，似乎是一个增加了乘客舒适度的设计，但是仔细想，对于人多拥挤的 1 号线，到底是多一个或者两个乘客能坐下来重要？还是让少数人坐得舒服些重要？

其他一些设计也可以帮助乘客提高他们乘坐地铁的舒适性，比如，学习香港的车厢设计，在乘客站立处设计一些可以倚靠的装置，让乘客站得舒服些。还有，在人流大、线路短的地铁中，把座椅设计成可以控制上下翻开的形式。在乘坐高峰时间，把大多数座位翻起来，留出更大的空间，让更多的人站得舒服些……

（2）设计发想举例：为满足使用者的各种尊重他人的行为。在上海地铁中研究者看到许多使用者之间相互尊重的事例，反映了乘客们需要被尊重，也愿意尊重他人的需要。但是研究者也同时发现，上海地铁里基本上只有车厢里有一些标明是照顾老人、孕妇、病人的座位，其他地方的坐具并无分别。在出入闸机、出入口等处都没有发现相应的设计。这是设计师对使用者这部分需求的忽视。其实，为此而做的设计可以有很多种，也并不难。比如，日本地铁里就有为弱势群体而设的"优先席"（见图 2-20），标识张贴在车窗外面，一目了然。在这节车厢里人们更容易自觉地尊老爱幼，而且在这节车厢上下车时，人们也更自觉地谦让。

图 2-20　日本地铁的优先席[1]

图 2-21 日本地铁的"女性专用车厢"[2]

在日本地铁里，还不仅仅有为老人、病人设计的"优先席"车厢，还有一种特殊车厢是"女性专用车厢"（见图 2-21）。因为日本的地铁乘坐中，女性遭受非礼的现象增多，所以这种做法也实属无奈。但是，这节特殊车厢的设计，不仅仅出于安全的考虑，也是人们尊重女性的一种表现。

（3）设计发想举例：为满足使用者得到宣传信息的行为。乘客们在车厢里听广播、看各种宣传信息，是上海地铁很常见的现象，无论是广告商，还是政府部门，都在想办法利用地铁这个上海市民常用的交通工具。人们在公共交通工具上获得什么信息、怎样获得信息也应该值得设计师仔细考虑。

来看看研究者的同行们做过些什么。中国香港地铁里有着独特的地铁文化宣传：中环站的"艺术管道"主要展示一些新艺术人、设计师或各种创意人的新作，中环站到香港站之间的连接空间有"车站艺术表演"，给途经此处的人留下深刻记忆。香港地铁的各个站点还有许多散点式的"地铁艺术之旅"，大多是本地的艺术文化宣传，地域气息浓郁。

在文化宣传上做得不错的还有巴黎、莫斯科等一些历史名城。他们都很注重对本国或者本地文化的宣传。莫斯科地铁以其豪华的装修和众多的艺术作品展示而闻名于世，许多去那里参观的游客都认为这样的城市交通工具几乎可以算作一个博物馆或者美术馆。俄罗斯民族在平凡的日常生活中，每一天都被历史和艺术熏陶，难怪能创造出一个又一个艺术和文化的巅峰作品。巴黎地铁被誉为"地下宫殿"，它的文化价值非一般城市地铁可比，不同的车站，都设计迥异。它不一定有俄罗斯地铁的经典和豪华，但是独特的法式浪漫和无限创意使乘坐巴黎地铁成为一段丰富的奇异之旅。哪怕只看隧道墙壁上的涂鸦之作，那些无数让人费解的符号和形象都激起人们的无限联想。希望上海地铁也能从一个单纯的交通工具变成城市文化的窗口,甚至成为艺术与文化的舞台。

注释:

[1][2]图片来源于网络。

第九节 寻找动机与需求

使用者的行为·动机·需求

人种志调研为了了解使用者的真实情况,把自己沉浸在真实的环境中观察对象,收集到最真实的素材:使用者行为。然而,这些形形色色的使用者行为如何帮助研究者设计呢? 找到它们是否就能真正解读清楚所有的真实情况? 整理流程、归类分析可以帮助研究者初步整理,但是研究者需要透过现象,探索本质。

美国心理学家马斯洛(Maslow)在 1943 年发表的《人类动机的理论》(*A Theory of Human Motivation Psychological Review*)一书中提出了需要层次论。

使用者的行为后面隐藏着使用者的动机。寻找各色各样的行为的目的在于揭开这些行为背后的使用者动机。然而,"某种行为的产生,绝不是由单纯的唯一的需要或者单一的因素来决定的。心理学家通过长期临床研究发现,大多数行为由多种动机促成。"比如说,一个人把垃圾丢到垃圾箱里,这个行为的动机可以是多元的,既有需要丢弃废物的想法,又有遵循社会公德、行为规范的愿望;既有需要自身整洁的需要,又有维护美化环境的要求。与其细分每个行为的动机,不如去查找动机背后更本质的内涵。也就是说,解读动机的本质意义在于,挖掘使用者的需求。人种志调研,关心那些使用者未被满足的需求。如果使用者的需求被满足,他们则倾向于积极地评价环境、产品、服务,甚至社会环境和文化。但是如果,使用者在使用中不断地发现有各种各样的需求冒出来,但无法找到满足的途径,他们则会倾向于负面地评价周围产生不良的感受,甚至不遵守社会准则引发恶意或破坏性的行为。

马斯洛认为"不同的动机会产生不同的行为"。由于个体的差异、环境的差异,在真实世界中,使用者所处的情况千差万别,每个人的想法也千差万别。比如,同样在商店里,如果你细心观察,购物者的需求各不相同,有些人带好清单,按着顺序,逐一选择自己所需;有的人即兴浏览,看着有趣的新鲜的商品就拿下试试;也有的边玩边买,更多的是去了解行情,比比价格;还有的纯粹是 Window Shopping(一种只看不买的购物游),抱着休闲放松的心态。由于需求不同,同一个商店里的顾客行为可以非常不同。

不仅仅是动机的不同会引起行为的不同。马斯洛认为,虽然人类所追求的基本或终极目标都是相当一致的,但是,人类满足各种需求的方式有着极大的文化差异。因此文化的差异性在人种志调研中被人们所关注。在后面的各国地铁案例比较中,会举出大量不同地区地铁使用者的不同行为。这些行为极大程度上都或多或少地受到地域文化差异的影响。比如,通过对上海、香港、大阪、芝加哥四地地铁的观察,研究者发现仅在高峰时间乘电梯的行为,四地使用者就表现出有趣的差异。在上海,基本上人们在乘电梯时挤得密密麻麻,大家在上电梯之前,一窝蜂地争着早点上,上去后所有人站满了所有空间,没有人能动得了。而在芝加哥,人们通常会把一侧的空间让出来,无论是上电梯还是乘电梯,很少有人挤来挤去的,大家都给别人和自己留出了个人空间。这种情况在高峰时也会被打破。乘电梯让出空间方面,香港表现不错,时常可以看到电梯上并然有序的香港人忙而不乱,拥而不挤。而这方面做得最好的是日本。在大阪,"跑电梯"是上班族的日常。何谓"跑电梯"? 由于日本地铁到站时间精确,所以有些上班族,只争朝夕,每一分每一秒地卡准时间,每每到了最后几步时间还差一点,就从电梯上一路跑过去,一路上畅通无阻(2017 年前后,东京地铁开始改变了左立右行的规定,认为右行的走动和奔跑会带来危险或影响周围人。宣传改为两边都应该站人,但是并非强制,加上习惯由来已久,大家还是左立让出右边的通行道给一些比较紧急想通过的人使用)。如果没有人让出来的那条"空跑道",何来的"跑电梯"的壮观一景? 从本质上看,这四地的使用者的需求都是希望能快速移动,但是文化的差异使得满足需求的方式产生很大不同,所以表现出来的使用者行为当然也就不同了。

当使用者有了需求,其现实的结果一定是要么被满足,要么不被满足。关于需求的满足问题,可以看看马斯洛理论的 3 个基本假设之一:"人要生存,他的需要能够影响他的行为。只有未满足的需要能够影响行为,满足了的需要不能充当激励工具。"也就是说,如果使用者的一些正常合理的需求能够被满足,他们的行为大多就是常见的、合理的正常行为。因为需求已经被满足,不会再引发其他行为。然而,那些合理正常的需求如果不能被满足,他们的行为就可能出现一些不正常的现象,在一些情况下,甚至会出现违背社会公德、影响社会秩序的行为。比如,假设一个人走在大街上,吃完食物,手里拿了垃圾,想找垃圾桶。如果他能马上找到,大多数情况下都会扔进去。但是如果他发现目之所及没有垃圾桶,那么他下面的行为就取决于他的道德水准了。无视社会公德的人马上把垃圾随手扔掉,有一些自律能力的人会走一段路找找看,但是在一定范围或一定时间里还是无法找到垃圾桶的话,他们大多还是选择找个较隐秘的地方扔下垃圾,只有少数极自律的人会选择把垃圾包起来,放在口袋里。因此,从这个很常见的现象中,可以发现,如果生活中没有适当的以人为本的设计,即使需求正常合理,使用者在无法满足的情况下也会出现不良的行为。

实战操作—上海地铁调研—使用者需求分析

通过罗列各个环节的使用者动机,可以发现有不少动机背后的需求在数个环节中是相似甚至相同的。再经过仔细的数据整合,最终汇总整理出 25 项上海地铁使用者主要的需求,基本可以涵盖大多数上海地铁使用者的行为背后的使用者需求。具体如表 2-4 所示。

表 2-4　上海地铁使用者需求

安全需求	导向需求(信息)	等待需求	定位需求(信息)
购物需求	工作学习需求	健康需求	交往需求
聚集需求	快速性需求	票务需求	认知需求
审美需求	生理需求	舒适性需求	通信需求
卫生需求	携带需求	休闲娱乐需求	宣传需求(信息)
移动需求	饮食需求	展示需求	尊重需求
助人需求			

以下是这 25 项上海地铁使用者(以下有时简称"使用者")需求的详细定义及

其内容,按字母排序。

A
安全需求

安全是人类的本能需求。在地铁空间中,使用者的安全需要可分三个方面:紧急安全、一般安全、安检。

● 紧急安全

紧急安全主要针对群体安全而言。群体安全指全体使用者的安全,主要指在各种天灾人祸中产生的问题。使用者需要地铁内能提供保障使用者安防的信息(如各类安防方向指引、器材说明、警示、指示等),各类安防器材,安防交通,安防系统(包括安防照明、广播、通风、列车本身的安防保护系统),甚至安防方面的服务(工作人员的指引、指导等)等。

● 一般安全

一般安全指在通常情况下,个体因为保障自身的安全作出的各种行为,这些行为的背后是一种对安全的需求。最常见的行为如在车厢里以各种姿势和器材固定身体,以防摔倒;在自动扶梯上手抓扶手;防止人掉入列车轨道或进入隧道;害怕地面太滑……

其他一般安全还包括使用者为保障自己的物品所需要的安全保证。

● 安检

当人们感到生命安全受到威胁时,会提出安全检查。这类需求往往是特定时期、特定地区的要求,不具有普遍性。

D
导向需求(信息)

使用者在到达某地时,他们会希望了解地铁站周围的一些情况,包括:周边的主要交通站点、主要建筑或景点还有与此地点相关的市政、旅游、购物、娱乐信息。形式可以是广播、视频介绍、固定式的地图、指引标牌、便携式地图和游览册等。良好的导向信息不仅方便了使用者,也可以帮助使用者了解城市,向使用者宣传城市,塑造城市形象,并能促进旅游和消费。

等待需求

由于乘地铁不是一个连续过程,使用者在上一个行为和下一个行为之间常常需要时间等待。人们等待的行为,可以是坐着、站着、靠着,甚至来回走动。

定位需求(信息)

在地铁这个交通工具的使用中,使用者必须要知道自己所处的位置。这些信息不仅包括线路的定位信息,也包括环境的定位信息。

- 线路定位信息

线路定位指使用者需要知道有关地铁线路和自己所处的相对位置的信息。这包括:行程相关信息(如线路地图、路线走势、站名、时间、路况、换乘等信息)、自己所处的车站位置(站名、前后站的站名等)、自己所处的列车信息(如乘车的线路、路线等)、行程相关的时间信息、当时的路况或车站站况、将要经过的各站的路况或车站站况(如拥挤程度)等。

- 环境定位信息

环境定位指使用者需要知道自己在车站或车厢中的位置。

——关于车站的环境定位信息是指有关车站建筑环境的各种信息,包括常态信息(如各楼层平面图、建筑使用指示标识、各种设施的位置),也包括当时关于车站建筑的即时信息(如哪些通道现在被关闭)。

——关于车厢的环境定位信息是指有关车厢内环境的各种信息,也包括诸如下车是哪一侧车门开启等动态的环境信息。

——地铁建筑的定位信息,有关指引人们找寻到地铁站的各类信息标识。这些信息以不同形态出现,不仅仅是视觉的,也可能是听觉的,甚至可以利用嗅觉或触觉来实现。当人们找不到或无法认知定位的信息时,人们就会试图问询。

G

购物需求

当使用者在售票厅、站台、车厢等处停留一定时间,就可能产生购物的需求。如果没有正规的商业服务,就有可能出现不法商贩。通过观察,目前发现的使用者所需购物内容包括:报纸、杂志、代币卡(如手机充值卡、交通卡)、地图、饮料、零食、工艺品、旅游纪念物、小饰物等,在一些场地较大、人流密集的车站,甚至出现大型超市(1 号线莘庄站)、服装店(1 号线莲花路站)等。

工作学习需求

地铁使用者会利用这段时间工作:看报表、用笔记本电脑、整理物品、写字等。还有不少人也会利用时间在车厢里看书学习。

J

健康需求

当人们的生活水平达到一定层次,人们对健康的重视就凸显出来。人们不仅要行得安全、方便、快捷、愉快,更要行得健康。健康需求体现在两方面,一是对地铁环境的健康质量有所需求,如更好的空气、更绿色的建材使用、希望特设吸烟室或吸烟区等;二是对使用者自身健康的需求,如有人会在人多时戴口罩,会利用乘车的时间舒展筋骨,会不乘电梯,走楼梯健身,甚至还有人会在车厢中吊在扶手上做引体向上(不提倡)……

交往需求

人类是一种群居生物,人与人之间需要沟通和交流。表现在地铁中,就是一种交往的需要。使用者在地铁中,不仅需要与相识的同伴交流,也十分需要与其他陌生人交往。在地铁中,人们交往的行为有说话、表情、身体接触、身体动作、观察等。在建筑理论中,友好的场所设计能促进人与人之间的良好交往,使得环境更安全、更友善,使用者体验更满意。

聚集需求

当使用者是以群体出现时,就有聚集的需求。聚集的需求主要体现在群体性的停留或移动中,需要有足够大的保障空间。在一些接近交通枢纽、旅游景点、大型公共场所(如展览馆、电影院)的地铁站,使用者的这种需求可能增多。

K

快速性需求

人们在使用地铁时，需要依靠秩序或其他手段来保证从个体到群体的快速性。如人们在买票或上车时按序排队的行为，实际上是为了保证每个人能够合理且尽快地达到目的。

P

票务需求

由于地铁投资巨大，作为收费的公共交通工具，使用者需要买票乘坐是必然的。无论是人工售票检票，还是机器自动售票检票，易于使用、方便快捷是衡量票务需求是否顺利实现的重要标准。目前来看，中国各地还不具备全机器自动售票检票的条件。对于一些经济发达的地区，特别是一些国际化的大城市，增设机器自动售票很有必要。但是，那些大城市的小站或人流较少的车站，地铁只用人工售票也很好。

R

认知需求

在整个乘坐地铁的使用过程中，许多情况下，使用者需要借助标识来了解环境、获得信息，或通过其他信息界面来实现对机器、设施的操作。这里就要求地铁不仅仅要提供这些信息，还要易于认知。比如，虽然车站提供了中英信息，告知乘客这里是什么站（理论上应该能满足"定位需求"），但不懂中英文的人，这些信息就不起作用。这时候，如果能在文字旁配上图案或图形，就可以有效地解决这个问题。另外，在评价这些信息的识别问题时，应充分考虑到使用者识别时的速度、距离、光照或噪声等情况。

认知需求还广泛存在于使用者对机器或设施的使用中。在研究者检票的有限的 39 次观察中，就有 17 次是刷卡不成功的案例，其中 80% 是由于不正确的操作引起的。

S

审美需求

随着生活水平和文化素质的提高,人们对乘坐地铁的要求是方便、快捷、舒适,还进一步希望地铁能提供宜人的环境和精致美观的车厢。地铁使用者的审美需求可以通过视觉、听觉、触觉,甚至嗅觉和味觉通道实现。优美而富有地域文化特征的地铁将极好地展示城市的形象。

生理需求

主要指环境适宜度和生理排泄的需求,其他一些突发性的需要也可以属于生理需求。

● 环境适宜度的需求

主要包括环境的温度、湿度、光照强度、空气质量、流动状况、噪声等方面能达到人们基本的生存条件,使得地铁可以被使用。

● 生理排泄的需求

由于乘坐时间的加长,难免会出现需要如厕的要求。如果条件有限,可以考虑间隔几站设置几个公共厕所,也可以适当考虑利用车站附近的其他公共设施。与成人相比,婴儿的生理需求——换尿布对环境的要求较低。如果条件有限,可以考虑在半开敞的环境中设置操作台或操作翻板来解决。当然,如果能提供更隐蔽、舒适的环境,将会使得使用者对地铁、对城市产生更加良好的印象。

● 突发性的生理需要

如临时急病突发、外伤等。这类需求,并不在使用者期望之内,但如果能得到满足,使用者会有良好的体验和经历。即使对于那些不需要的使用者,知道有这类帮助的提供也会增加他们对地铁的满意度。

舒适性需求

严格来说,舒适性需求不能像其他需求那样独立存在。它是对许多基本需求的更高要求。但是之所以把它列出来,是因为某些基本需求在到达舒适性的层面时,表现出来的需求有所变化。比如,"地铁乘客需要在车厢里等待直到到站下车"是个基本需求,只要地铁提供足够的空间让使用者能停留在车厢里就可以满足这项需求。但是,为什么会有人去抢座位? 没抢到座位的人也尽量给自己找个舒适的地方站立,比如靠在柱子因为一旦使用者的基本需求满足了,人们就会产生更高层次的要求——舒适性需求。

在地铁使用者体验中,舒适性主要表现在"等待需求""移动需求""携带需求""票务需求""生理需求"上。

通信需求

使用者希望在使用地铁的过程中与外界联系。如果说,常态下的通信可以满足使用者在地铁中工作、生活的扩展功能,那么,紧急时候的通信就可以救人于危难。满足通信需求的途径常见的有两种:一种是地铁区域覆盖移动通信的网络服务,另一种是地铁各处提供固定通信器材。

W

卫生需求

地铁使用者的卫生需求主要表现为扔垃圾、扔烟头和处理痰涕等行为。其他则表现为确保自己的衣物和携带物不被弄脏。

X

携带需求

● 大型行李

交通路程越长,使用者携带行李的比例就越大。另外,当地铁与车站、机场、港口相连时,行李携带也会增多。而一些不洁的大型物品,如农具或工具,人人避之不及,携带者一方面会照顾不周,另一方面还会遭人白眼。另外,其他特殊的大型携带物还有以下这些。

折叠自行车/自行车:
这些乘客的比例在增加,他们需要更多的空地。事实上,地铁中的空地,由于它的不确定性,可以有多种用途。

婴儿车:
出于安全考虑,大多数乘客在乘车时会自己抱着孩子,于是空的童车成了车厢里的"碍脚石"。有时,童车里还放许多东西。甚至也有把童车当推车搬运东西。

轮椅:

下肢残疾者必须携带轮椅。

人们携带大型行李的问题主要来自两方面:一是如何移动行李,二是如何安放行李。移动行李不便,无法合适地安放行李,就会占用乘客站或坐的地方,造成拥挤、交通不便或者引起矛盾(如行李弄脏他人衣物等)。

● 小型携带物

包:

上海人对待随身的包是很保护的。不像西方人习惯于把包放在地上,上海人把包抱在怀里、放在座位上、拎在手里、背在肩上……不管怎样,都不能弄脏了。

塑料袋:

由于不定型或不干净,人们不一定会放在身上,但又不愿意放地上,所以大多拎在手中。如果塑料袋又多又重的话,携带会很不方便。

雨伞:

下雨天的湿伞是令他人不快的携带物。放地上会弄脏,还会绊倒他人,手里拿着容易碰湿别人衣服。

休闲娱乐需求

利用乘地铁的空闲时间娱乐一下自己十分常见。地铁使用者休闲娱乐的内容广泛,包括看自带的视频内容、听收音机、听 CD 或磁带、听 MP3、看报纸杂志、看休闲书籍、打游戏、看地铁电视、观察周围人或景物、听别人讲话、拍照、玩随身用品或玩具等。

宣传需求(信息)

在地铁的使用中,使用者不仅想要得到有关地铁交通(定位需求)、地铁站周边环境的信息(导向需求),也希望了解如广告、新闻、气象、文化等各种信息。这类信息的传播方式可以是视觉的,也可以是听觉的。

Y

移动需求

移动,是使用者对地铁最基本的需求。人们为了从一个地点移动到另一个地点才会使用交通工具。地铁,正是近距离,相对快速、平稳、舒适的选择。这个需求满足得是否成功是使用者对地铁评价的主要参数。

有一些特殊使用者的移动应引起人们的关注,因为他们需要利用轮椅。为了实现他们的移动,不仅应在地铁站内和车厢提供足够的空间(如划定轮椅区,同时也供健康人携带自行车)和必要的设施(如电梯、运载轮椅的设施),还要考虑如何能方便人们使用。

饮食需求

由于文化观念和生活习惯的特点,我们之前并不在意在公共场合吃东西,加上地铁全程路线很长,乘坐或停留的时间和空间都足够开展饮食行为,所以使用者很容易在使用地铁时产生饮食的需求。

Z

展示需求

随着人们观念的开放,越来越多的人开始追求个性,并乐于在公众场合展现自我,吸引他人。动作夸张、大声言语、播放音乐、显示自己的物品、展示自我的拍照或拍摄等行为都是展示个体的方式。

尊重需求

文明社会人人需要尊重别人,也需要被人尊重。地铁是个公众空间,但是有时,人们在公共场合里,也会有个体的私密性要求,具体表现为让座、因身体或携带物与他人碰撞而打招呼和道歉;也表现为打电话或与人交谈时不希望被他人听到等。其他尊重需求也表现为不歧视残疾人、农村人、外地人和穷人等。当使用者在地铁里感到被尊重,也更愿意主动尊重他人,他们的使用体验将会比较愉快,从而产生对城市良好的印象。

助人需求

人类有表现同情心、愿意助人的需求,这在一定程度上体现了城市的文明水平和百姓的素质。应当合理地引导,给予善举一个正当的途径,宣扬更文明、更有利于社会稳定的助人行为。反之,如果不能处理好这类问题,其结果很可能造成地铁环境的不安全。

设计发想—上海地铁使用者的设计研究—设计应用举例

设计师了解了地铁使用者的需求,就可以根据这些需求直接创造设计概念或者进行原型设计。在这里举例一二。

设计发想举例:为满足使用者的导向需求

2006 年的上海地铁车站在指示系统中有一些地图可以指引乘客找到周边的主要建筑或旅游点。还有不少车站增加了临时的指示牌在这个问题上,可以借鉴一下香港地铁的一些设计。

香港地铁的车站向乘客提供免费街道图,图上不仅有地铁建筑内部结构和商店指示,列车服务时间、查询、转线站、残疾人士进出车站的安排等,还有车站附近的街道地图。其中街道地图上面标出了地铁建筑、文娱及购物点、主要大厦、公共服务及设施、住宅、学校、公共交通等。地铁的车厢里有一个电子屏幕,不仅会告诉乘客地铁信息,还会提供新闻、日期、天气预报、公益广告、政府通告,当然也有广告。两者配合,十分有效地说明了车站周边的情况,不仅起了随身地图的作用,而且能大大地促进当地旅游。小小一张地图,很好地提供了定位信息、导向信息、宣传信息,既方便了使用者,也为地铁赢得了商机,甚至促进了城市的商业和旅游。在美国、日本的许多城市地铁中,研究者都看到类似的随身地图和时刻表。2019 年的上海,香港地铁的大多经验已经得到运用,说明这些设计的考虑是有效而受人欢迎的。

设计发想举例:为满足使用者的定位需求

在地铁里提供足够多的容易识别的定位信息十分重要。2006 年上海地铁 1 号线车厢里的定位信息图大多设在车门的上方。主要标明了本线路的各个车站和换乘其他线路的车站。看看香港地铁的车厢信息图(见图2-22)就知道当时两者的信息量的差别了：香港地铁的线路图有所有线路图和换乘站标注,另外每个站名旁都有小圆灯,车过去一站灯就灭掉一盏,还没有到达的站名都是亮着灯的。乘客随时可以查下一站是哪里。而且,站名之间还有小箭头,表示地铁前进的方向。另外,这张图的一角有两个指示灯说明是否在这一侧开门。不过当时,上海地铁的4号线上的线路图基本上都实现了香港地铁的这些功能,只是没有香港的设计简洁。2019年的上海地铁,电子地图基本覆盖全线路。

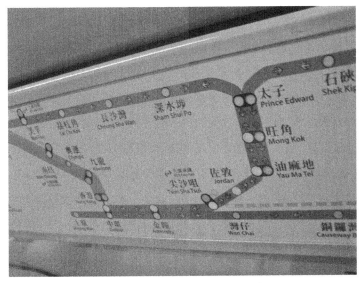

图2-22　香港地铁车厢上方的线路图

据说在日本的地铁研究还有过这样的研究结论：在人少的车站,候车站台上可以放周边环境的地图,指示乘客出站的方向和相应的地铁出口,让乘客可以一下车就研究地图,寻找出口。而对于那些大站,人流量大,进出频繁,则应该把地图放到出闸机之外,等大量的人流疏散到外面去后再由他们各自找方向。这个理论的确有利于客流疏散,避免大量乘客停滞在候车站台,形成拥堵。从这点上来说,是个用心巧妙的想法。但是,如果补充以一些方向鲜明的标志牌(不是地图,因为使用者看地图需要较长时间,而标志牌只要瞥一眼的功夫,根本不耽误行走疏散),这将极大地方便乘客。要知道,在地铁站内,由于人们缺乏地标建筑或其他可以让人们辨别方位的事物,即使是熟客有时也很难准确定位自己。这时候,如果能利用标志牌,将大方向表示出来,乘客还是可以避免走冤枉路的。

设计发想举例: 为满足使用者的快速性需求

在上海,人们乘地铁而不用其他交通工具,就是因为它便捷。可是如果遇上地铁出问题,或者你身体孱弱,在高峰时无法挤进车厢,你可就彻底被困在地铁站。虽然地铁是很便捷的一种交通工具,乘地铁是否能快起来,还要依靠设计的帮助。

在地铁的许多环节都涉及快速性问题。比如上车的人怕坐不上车,一开门就急着往里面挤,车里的人有的没准备好,稍有个迟疑就无法下车。即使地面上画了注释也没用,有人研究过这个问题,利用水流蜗旋的理论,只需在车门中间竖一根柱子,就能有效地解决问题。但这个试验结果没被采用。研究者针对这个问题曾做过一个设计概念,就是在候车口设计一个斜坡,中间略呈弧形,人如果长时间站立在上面会比较累,短期走过无碍。反过来,在车厢门口,则中间平坦,两侧倾斜。这样,排队等候的时间长,人们会不自觉地避免站在斜坡上,而停留在两侧的平地上。一旦车到了,车内的人集中在中央,站台上的人集中在两侧,可以一定程度解决问题。这样的设计,在那些人流适中,不是很挤的情况下,还是能起到作用的。

第十节　建立需求层次模型

使用者需求理论

马斯洛的基本需要层次理论提出人类的需求有 5 个不同的层次(见图 2-23):

(1) 生理需要,是个人生存的基本需要。如温饱和性。

(2) 安全需要,包括心理上与物质上的安全保障,如不受盗窃的威胁,预防危险事故,职业有保障,有社会保险和退休基金等。

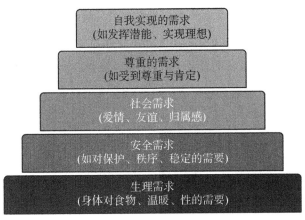

图 2-23　马斯洛的需求层次模型

（3）社交需要，人是社会的一员，需要友谊和群体的归属感，人际交往需要彼此同情、互助和赞许。

（4）尊重需要，包括要求受到别人的尊重和自己具有内在的自尊心。

（5）自我实现需要，指通过自己的努力，实现自己对生活的期望，从而对生活和工作真正感到有意义。

然而马斯洛认为这些人类的需求不是平行并进的。它们之间的关系来自3个基本假设：

（1）人要生存，他的需要能够影响他的行为。只有未满足的需要能够影响行为，满足了的需要不能充当激励工具。

（2）人的需要按重要性和层次性排成一定的次序，从基本的（如食物）到复杂的（如自我实现）。

（3）当人的某一级的需要得到最低限度满足后，才会追求高一级的需要，如此逐级上升，成为推动继续努力的内在动力（后被其他学者反对，认为需求有时候会跳跃甚至倒退）。

人类的行为大多有着一定的动机。这些动机驱使人们去不断努力直到需求被满足。然而，人是一种不会轻易满足的生物，当人们的一个欲望达到一定的满足后，另一个需求就会出现，占据新的主导地位。同样的，如果这个新的欲望被满足，又有一个新的替代它。人就在不断实现愿望而再出现新的愿望的过程中不断发展。所有的需求均存在着一定的联系。因此,在马斯洛的 5 个层次中,基本需求按优势或力量的强弱排列成一种层次系统;层次的基础是生理需求,往上依次是安全需求、归属与爱的需求、尊重的需求、自我实现的需求;层次的顺序是相对的,不是固定不变的;动机的发展是交叠的,即一种需要只要得到某种程度的满足而不是百分之百的满足就可能产生新的更高层次的需求;高层需求与低层需求存在着性质差异。

在人种志调研中,同样存在着这样的规律。以对上海地铁所做的使用者研究为例,研究者整理出 25 项需求解释了大多数上海地铁使用者在上海地铁中的行为动机。因为地铁在使用者的生活中只是一个小部分,它只是人们繁复的社会生活中的一个片段。所以,上海地铁使用者的需求也不可能像马斯洛的人类需求五层次那样涵盖使用者的所有方面。这些需求是人们某个生活细节的相关需求,更局限在人们部分生活的行为诠释。虽然这些需求是人们局部的、细节化的需求,但是同样反映了人们的生物特征,也同样传载着人们的文化意识。因此,这些细节局部的使用者需求同样具有和人类需求五层次一样的特征。

马斯洛需求层次论中的基本假设,在上海地铁使用者需求中同样存在。因此,当研究者对使用者的动机或者需求进行进一步的探求时,这些需求之间呈现出许多复杂的结构关联。它们也同样具有层次上的差异。

对使用者需求进行分层和整理使得使用者研究步入佳境,逐渐深化研究。它可以帮助设计师或者研究者解构使用者的行为,探讨各种现象背后复杂的关联。使得人种志调研既不会停留在表浅的实用主义层面,也不会哗众取宠,做表面文章。人种志调研的宗旨是力求通过对真实使用者的人种志研究去解构出更深刻的社会理解。

实战操作—上海地铁调研—需求层次模型

在对上海地铁使用者(以下有时简称"使用者")的观察中,研究者找到了这 25 种需求。除了"快速性需求"和"舒适性需求"以外,各种需求之间基本上不会重叠,独立包含了一些由此引发的行为。虽然行为五花八门、各色各样,但是究其背后的使用者需求,又有着深层次的共性。

虽然找到了这25种需求,但是,是否在建设地铁时,或者在地铁设计中,每一种使用者需求都要满足?答案显然是"不"。这些需求,有的十分重要,如果无法实现,地铁无法使用;有的需求则不太重要,即使使用者无法实现,地铁还是可以使用。看看下面这3个例子:

例一:"等待需求"

研究者知道,使用者使用地铁的目的首先是要地铁把自己从一个地点带到另一个点。如果地铁不让大家进入车厢中,而是在站台上等待(这些行为的背后需求是"等待需求"),地铁将无法使用。列车拥挤时,如上下班高峰,有许多人宁愿加班错峰,也不愿去挤地铁。也就是说,如果地铁不能让乘客进入车厢,人们根本不乘地铁。

例二:"通信需求"

在目前的大多数地铁中,"通信需求"主要表现为提供移动电话服务或公用电话服务。早在2006年的上海,大家已经习惯了到哪里都能用手机。但是,手机是否是地铁使用者必需的呢?在美国,连华盛顿这样的重要城市,地铁里都不能用手机,由此可知,地铁不能满足使用者的通信需求多年,人们依旧会使用地铁。其实,上海地铁在最初时也不能使用手机。但是现在如果有一小时移动通信服务在上海地铁里中断,也必定会变成当天新闻,引来无数乘客的不满,因为人们已经习惯了满足通信需求的便利。另外,虽然地铁有各种应急通信措施,但是在遭遇天灾人祸时,移动通信可以大大地帮助被困人员和救援人员。

例三:"购物需求"

根据"购物需求"的定义,研究者可以理解,如果使用者在地铁里什么也买不到,他还是会继续使用地铁。当然,如果他在地铁里,既买到了早餐又买到了报纸。那么,这个早晨,他就可以吃得饱饱的,了解一下当天的新闻、读读笑话,开心地度过乘地铁的这段时间。由此他感到生活在这个城市,虽然忙碌,但充实,从而获得一次愉悦的地铁使用经历。

通过比较可以发现,在这3个例子中,"等待需求"是一种必须的需求,如果不能满足,人们将根本不考虑使用地铁,因此它是一种基本需求。"通信需求"和"购物需求"都不是必须满足的需求。但是相比较而言,"通信需求"比"购物需求"更为重要一些。如果能满足"通信需求",使用者会觉得地铁十分方便,而且可以利用乘地铁的时间工作或和朋友聊天消磨时间,特别对于那些分秒必争的商人、白领更是手机不能停。如果地铁不提供通信,他们有时可能会考虑搭乘其他交通工具,如出租车、公共汽车等。对于"购物需求"来说,使用者不会因为地铁里不能满足"购物需求"而放弃使用地铁,但是如果这种需求能满足,使用者会感到乘坐地铁是件很愉快的事。

在比较中可以看到,这3种需求不仅仅有着哪个较基本、较重要,哪个相对次要些的不同层次,而且它们之间也有关联比较。比如,如果某个地铁站,它能满足使用者的"通信需求"和"购物需求",但是不能满足"等待需求"。也就是说你到站内,既可以打手机,又能买早点,但是车太挤,上不去。等了30分钟,还是上不去,只好憋着一肚子气走,没乘上地铁,耽误了30分钟。所以,在基本需求不能满足的情况下,即使提供高层次的需求也没用。反之,如果地铁能提供"等待需求"等,即使不能满足"通信需求"和"购物需求",大多数使用者还是会乘地铁的。

就此来看,这25种需求对于大多数使用者来说,它们的轻重缓急是不同的。也就是说,它们是有层次的。这个层次,从基本的、必须实现的、功能型的,向高级的、可选择的、增强愉悦体验的层次递进。

25 种需求:3 个层次

在这25种需求中,可以看到有8种是使用者使用地铁时一定要满足的,如果不满足,就可能导致使用者地铁无法使用地铁。它们是:

票务需求	等待需求	移动需求	定位需求(信息)
安全需求	携带需求	生理需求	认知需求

因为这个层次是使用者使用地铁必需的,只有满足了所有的 8 项需求,人们才可以使用地铁,所以我们把这个层次叫作"可以使用层次"。

其他的 17 种需求,不是必需的,如果没有被满足,人们还是可以使用地铁。在这 17 种中,又有 8 项需求对地铁的使用产生的影响比较大。比如,"快速性需求",如果在人多拥挤时,慢到人们需要等很长时间才能到达站台,有些人就会因为赶时间而放弃搭乘。所以这 8 项需求的特点是,它们不是必需的,但是会较大程度上影响效率。研究者把这个层次叫作"便于使用层次"。8 种需求为:

卫生需求	快速性需求	舒适性需求	通信需求
导向需求(信息)	交往需求	工作学习需求	聚集需求

余下的 9 个需求是更高层次的,如果未被满足,几乎不会影响人们使用地铁。比如"审美需求",虽然地铁的某个车站看上去不怎么好看,但是使用者最多就是不在此久留,不会因为车站环境的不美观而放弃使用。当然,如果能满足这 9 个需求,人们乘坐地铁的体验将会比较愉快。使用者甚至爱屋及乌,对整个城市的印象也好起来。这个层次叫"乐于使用层次"。9 种需求为:

审美需求	购物需求	休闲娱乐需求	饮食需求
宣传需求	健康需求	助人需求	展示需求
尊重需求			

上海地铁使用者"需求—层次"模型

根据各个层次的关系,研究者建立了一个"上海地铁使用者'需求—层次'模型"(见图 2-24)。这个模型不仅表现了 3 个层次的递进关系,定义了每个层次包含的需求,还细分了每个层次内部的分层。

在"上海地铁使用者'需求—层次'模型"中,首先研究者看到整个模型的水平层次有 3 个:"可以使用层次","便于使用层次"和"乐于使用层次"。

这 3 个层次有着高低层次差别,对于上海地铁使用者来说,如果他的需求是在第一个层次("可以使用层次"),那么这些需求一定要满足,有一个不满足都不行。如果有一个没能满足,他将选择不乘地铁,即不使用上海地铁。因此,研究者又将

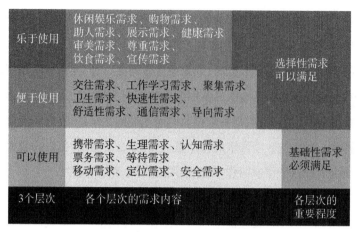

图2-24 上海地铁使用者"需求—层次"模型

"可以使用层次"的需求称为"基础性需求,是必须满足的需求"。

相对来说,对于使用者在"便于使用层次"和"乐于使用层次"的需求则不是那么重要。如果不能满足,使用者还是会使用上海地铁,只不过可能不那么愉快。如果没有更好的选择,他下次还是会使用地铁。

在"便于使用层次"和"乐于使用层次"中,列入第二个层次的"便于使用层次"需求比第三个"乐于使用层次"相对更重要些。"便于使用层次"的需求如果不能满足,即使使用者还是选择地铁,但他可能会觉得地铁效率不高、不快捷、挺麻烦、不方便、没人情味。而"乐于使用层次"的需求则相对次要一些。对于一些使用者来说,有的需求甚至是无关紧要的。此层次的需求,更倾向个性化,因个体的差异而有很大不同。如果某个使用者在使用地铁中,他的"可以使用层次""便于使用层次"需求都被满足了,且他所有的"乐于使用层次"的需求也都得到满足,那么,他对地铁的印象一定会很好。整个乘坐的经历会形成一次良好的体验,从而让使用者将对地铁的良好印象转移到整个城市,使得他对这个城市留有美好的感受。他会觉得在这个城市生活很方便、很享受、当地文明水准高、人们很友善……

上海地铁使用者"需求—层次"细分模型

在"上海地铁使用者'需求—层次'细分模型"的基础上,进一步分析,可以发现即使一些需求同属于同一个层次,还是有轻重缓急。

以第一层次的8种需求为例。这个层次的8种需求为"票务需求、等待需求、移动需求、定位需求(信息)、安全需求、携带需求、生理需求、认知需求"。这8种需求里面,其中的5种,即"票务需求、等待需求、移动需求、定位需求(信息)、安全需求"是更为基本的,也是所有的乘客都会产生的需求。而相对而言,"携带需求、生理需求、认知需求"更多的是为部分人所特有。比如,对于一个十分熟悉上海地铁的使用者来说,他在使用中几乎没有认知问题,因此,他这方面的需求非常低。而对于一个没有行李的使用者来说,携带需求就没有。当然,对于不熟悉上海地铁或携带物品、特别是大件行李的使用者来说,这些需求都是非常重要的。如果不能满足,他们将放弃使用上海地铁。这就是为何虽然这些需求不是针对所有使用者的,但是它们还是属于"基础需求,必须满足"。"生理需求"也属于基础需求,但是一般情况下,满足此需求并不是太重要。

在"便于使用层次"上的8种需求也可分为2个不同的重要级别。相对而言,"卫生需求、快速性需求、舒适性需求、通信需求、导向需求(信息)"更适用于大多数人。虽然,"通信需求"相对来说,可能更针对那些使用手机的使用者,"导向需求(信息)"对不熟悉地铁周边环境的使用者更有用。但是,"通信需求"在紧急情况下很重要,"导向需求(信息)"为大多数使用者所关注。这两个需求还是相对重要的需求。而"交往需求、工作学习需求、聚集需求"则更多的是源于个人的需求倾向而因人而异。

在"乐于使用层次"上的9种需求也可分为2个不同的重要级别,即为"审美需求、尊重需求、饮食需求、宣传需求"和"休闲娱乐需求、购物需求、助人需求、展示需求、健康需求"2个子层次。前者更具有普遍意义,使用者产生的可能性大;后者则更具个人特征。

上海地铁使用者"需求—层次"模型中的需求链

针对25种"上海地铁使用者的需求"建立的"上海地铁使用者'需求—层次'模型"能很好地将这25种需求的层次关系厘清。但是,在这些需求之间还存在着跨越层次的联系,研究者将这些有着特殊联系的需求群组找出来,定义为"需求链",这些概念在之后的分析中会继续运用。

信息需求链

在 3 个需求层次中,每个层次都有一个到几个需求与信息有关。

可以使用层次:定位需求、认知需求

便于使用层次:导向需求

乐于使用层次:宣传需求

这些需求表现出的行为都是上海地铁的使用者在地铁里寻找辨认信息(如各类标识、指示牌、广播、视频、广告等)。虽然同样是寻找辨认信息,但由于信息的内容不同,根据缓急程度分为 3 个层次。

(1) 可以使用层次:定位需求——有关地铁线路、票务、地铁建筑的信息。使用者必须知道的信息,如果无所得知,使用者将无法使用地铁,因此该需求归为"可以使用层次"中。

(2) 便于使用层次:导向需求——有关地铁站周边环境等的信息。大多数使用者希望知道的,但也不会影响使用地铁。

(3) 乐于使用层次:宣传需求——一些与地铁无关的信息,如天气预报、新闻时事、广告等。这类信息主要是部分使用者有兴趣。适当的宣传信息会使得乘坐上海地铁更愉悦,所以属于"乐于使用层次"的需求。

需要特别指出的是"认知需求"。该需求本身不是关于对信息内容的定义,但与所有的信息密切相关。当信息不被使用者所认知时,即使某一方面的信息内容存在,使用者实际上还是不能正确理解和使用这些信息。因此,该需求不仅是"信息需求链"中的一员,还是相当重要的一环。"信息需求链"虽然内容差异大,关注的使用者也有不同,但由于都是信息方式,常常共享同样的载体:灯箱、标识、指示牌,甚至手机 App 等,所以在设计时需要通盘考虑。

情感需求链

在"乐于使用层次"中,研究者发现了"尊重需求""助人需求""展示需求"这 3

个需求。它们与其他需求不同,都源自个人的情感体验,与使用者个人价值观很有关系,因此把这 3 个需求叫作"情感需求链",是更复杂、更高级的可选择性需求。

环境评价需求链

由于地铁使用者会大多时间都处在不同的物理环境中,无论是车厢还是车站,使用者对物理环境的评价都随时发生。由于使用者对环境的功能性评价(如客容量、地铁的速度、可用性、安全性等)牵涉许多硬件设施和技术指标,而研究主要围绕使用者的行为和体验,所以研究者把使用者对上海地铁的环境的评价主要限定在:环境生理感受、卫生评价、审美评价、健康评价。对应的使用者需求为"生理需求(仅指"环境适宜度的需求"的部分)""卫生需求""审美需求""健康需求(仅指"地铁环境的健康质量的需求"的部分)"。

这些与"环境评价需求链"相关的需求分布在各个层次上,从最底层的基础性需求,到最高层次"乐于使用层次"上的"审美需求""健康需求(部分)"都反映了使用者对环境的感受。

利用时间需求链

如果使用者的乘坐时间长,车厢里就会出现一些乘客利用时间做其他与乘地铁无关的事的情况。如果细心观察,这样的行为不仅发生在车厢,站台、售票厅等各处也都存在。有时尽管乘客乘坐的时间不长,这些行为还是会出现。特别是信息时代,个人娱乐、个人办公等用品极大丰富,加上地铁本身也提供许多服务,乘客可以在乘地铁的过程中享受个人活动。目前,在 25 中需求中与利用时间相关的需求有:"工作学习需求""交往需求""饮食需求""休闲娱乐需求""购物需求"。

这些与利用时间相关的需求都不是基础性需求,主要分布在"便于使用层次"和"乐于使用层次"。

设计发想—上海地铁使用者的设计研究—设计应用举例

上海地铁使用者"需求—层次"模型的建立并不是一个纯理论的工作原型,虽然作为原型,在它离设计概念还有着很长一段距离,但仅仅从原型出发,也可以获得一些设计发想的源泉。

中国,乃至全球,还有许多城市在准备或者计划兴建地铁,建造地铁不仅仅是个巨大的工程技术问题,更是一个复杂的设计系统问题。而无论是先进一流的技术,还是美轮美奂的设计,最终都要落实在使用者的使用中。也就是说,使用者的使用评价才是最后检验地铁设计(也包括工程技术方面)是否合理、是否成功的关键。一个被乘客抱怨的地铁,即使它的技术再先进,装修再精美,也无法称为一个体验良好的设计。那么,对于成功的地铁设计,针对使用者的研究就显得必不可少了。

事实上,使用者不是一成不变的,他们对地铁的要求也各不相同。即使在同一个城市,交通繁忙的车站和人稀地空的车站使用者的要求也不相同……不同的城市、不同的交通情况、不同的人文背景,地铁的设计因情况的不同而有所不同。

比如说,在一些中小城市,如果地铁的投资并不大,城市并非历史名城或者自然旅游胜地,建造地铁时就可以考虑重点放在满足使用者"可以使用层次"需求上,将这个层次上涉及的所有设施、设备、服务做好。一般这样的城市,地铁线路不会太长,使用者的"舒适性要求"不会太高,"工作学习需求"和"通信需求"也不迫切,本地乘客多("导向需求""携带需求"不多);客流不大("快速性需求""聚集需求"不高);乘客不会太讲究环境的卫生("卫生需求"不高)。在资金不宽裕的情况下,集中力量满足使用者"可以使用层次"需求,会得到事半功倍的效果。这种类型的地铁,芝加哥算是一个典型。好的设计不一定是贵的设计,但永远是适度的设计。

然而,如果为一些旅游胜地做地铁设计时,就不能简单地只满足使用者"可以使用层次"需求,使用者的情况会与前者大不相同。那些游客对当地不熟悉(有"导向需求");出游会携带各色行李(有"携带需求");团队出行(有"聚集需求");对旅游地的环境比较在意(有"卫生需求");介意当地人对自己是否友善(有"尊重需求");观察环境的优美程度(有"审美需求");希望方便购物(有"购物需求");希望了解当地的风土人情(有"宣传需求")……这样的城市地铁不仅是一个当地的交通工具,更是城市的旅游资源,一个城市文化的表达和展现城市风采的舞台。适度地考虑"便于使用层次"和"乐于使用层次"的使用者需求是相当有必要的。这种类型的地铁,香港地铁应该算是一个典型,特别是迪士尼线路。

更精心的地铁系统设计,还是以上海地铁为例,即使同是1号线,人民广场站和衡山路站,使用者的需求也大不相同。人民广场站是1号线和2号线的换乘站,同时属于交通繁忙地段,人流量极大。虽然它所处的地点是上海文化的中心地区,但现状是空间紧张,根据这种现状来看,人民广场站的设计应该主要立足于满足使用者"可以使用层次"需求,适当兼顾"便于使用层次"和"乐于使用层次"的需求。因为一旦基本功能出现问题,使用者对上海地铁,甚至对上海的印象都将发生改变。比如,乘客无法上车或者无法通过换乘通道("移动需求"未被满足);站台上无法站立("等待需求"未被满足);找不到出口或者换乘通道("定位需求"未被满足);车站闷热("生理需求"未被满足);看不懂标识("认知需求"未被满足)等都会对上海地铁产生负面影响。

但是1号线的衡山路站是另一种情况了。衡山路站,是1号线的小站,一般人流不多,但是临近衡山路酒吧一条街,是上海历史文化集中的地段。所以虽然和人民广场站一样,都是早期建设的车站,空间狭窄,但是由于客流有限,并不显得局促。但平淡简单的装修一点也无法和地面上的历史文化街景产生关联,显得缺少想象。其实,车站改建并不困难,更换室内墙面,引入老上海的元素(满足"审美需求"),加入附近酒吧的介绍(满足"宣传需求")和地图(满足"导向需求"),增加几台自动贩卖机(满足"购物需求""饮食需求")等。这些特色的功能,并不需要很大的场地,可以通过招商的方式解决资金问题。可以想象,改变之后的衡山路站一定会让人爱上这个小站,甚至成为上海的特色公益旅游点。

第十一节　环节与需求分析的相关性

相关性的研究

在"上海地铁调研"中，对数据和素材的分析整合可以是多方面的，比如，在前两节中，利用归纳法，把上海地铁使用者的众多行为按照流程整理出环节点，又把行为按照需求关系整合为 25 种，甚至建立需求层次模型。这样两组分析，可以是相互独立的，表面上并没有直接的联系。它们是从两个角度看同样的一件事，行为环节分析帮助研究者把错综复杂的使用者地铁行为，变成一个过程的剖析。通过时间流程的梳理，把行为按照次序建立起关系。而需求分析，则是对行为现象更为隐性的分析，它通过挖掘行为背后的动机来归纳众多行为现象，把许多类似的行为分析得很透彻。

那么，如果把这两组数据放在一起分析，会出现怎样的结果呢？

是的，正如每个流程环节都有着许多使用者行为一样，每种需求也表现在多种行为里，而这些行为可能出现在不同的环节中。因此，研究者想到做一下行为环节和使用者需求的相关性研究，也许会得到一些有意思的结果。

"相关性"这一概念来自数理统计学，主要用于揭示事物之间的关联性。当研究事物之间的关联性时，会发现事物间的一些规律，从而为新的设计创意寻找突破口。还是以"上海地铁使用者研究"为例。当研究各行为环节和使用者需求之间的相关性时，研究者首先能发现各个环节中并不是每种需求都有。

这样的相关性比较能进一步证明先前分析的部分结论。比如，在先前的需求层次模型中，研究者发现需求的重要程度是不同的，有些是基础性的，有些则是可有可无的。这种对各种需求的重要程度的分层规律，在相关性研究表中也能体现出来：基础性的需求大多是密布在各个环节中，而随着需求层次的升高，高层次的需求则不一定在每个环节中都存在。同样的，需求细分层次情况也能得到一定程度的验证。大多数被细分后不太重要的需求，比较容易在一些环节中缺失。如在乐于使用层面中,很明显,购物需求、展示需求、健康需求在各个环节中缺失的情况就比较多。

这里,需要说明一下的是票务需求,因其特殊性,票务需求不可能在各个环节中都有。还有,"找车站"和"离开车站"两个环节,由于环节的特殊性,很多使用者需求都有缺失。由于环节的特点而引起的使用者需求缺失,还出现在一些时间经过很短的环节,比如,"上车"和"下车","检票进站"和"检票离站"。

但是,即使大多数的环节都有大多数的需求出现,这些需求在不同的环节中重要性并不一样。也就是说,如果新建的地铁并不具备很充足的资金的话,只要各个环节中关注重点需求就可以比较好地满足使用者的要求。这里需要补充的是,不同层次之间需求的重要程度是不可比的,比如,以进入外层站台为例,虽然安全需求在可以使用层面上相对不那么重要,但是它还是远比在便于使用层面上的"快速型需求"和乐于使用层面上的"宣传需求"要重要得多。

相关性的研究为数据分析提供了更深入更广阔的可能。

作为设计研究,设计师也可以向社会科学学习,用统计学的数理统计方法指导设计研究。

实战操作:"上海地铁调研"——使用者需求层次相关性比较

根据上一节中对各个环节行为与对应需求的总结,可以列出"上海地铁使用者行为环节与需求层次相关性"图(见图 2-25)。

纵向分析—从环节来看

(1)"找车站—离开车站"的需求最少。很显然,"找车站—离开车站"这个环节组在所有的环节中的需求最少,使用者在地铁建筑外虽然有许多行为,但是它们大多与地铁无关。

(2)几乎所有需求都有的环节的共性因素。研究者发现几乎所有需求都有的环节是"进入车站(含买票)""进入外层站台""到达候车站台""乘坐""离开候车站台""离开外层站台""出站"这 7 个环节。其实,应该再加入的另一个环节是"换乘通道",虽然"换乘通道"环节没有导向需求,但这是因为在"换乘通道"环节中使用

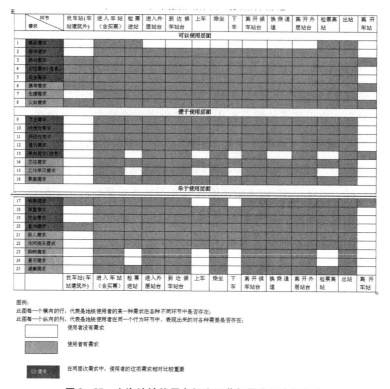

图例:
此图每一个横向的行,代表是地铁使用者的某一种需求在各种不同环节中是否存在;
此图每一个纵向的列,代表是地铁使用者在同一个行为环节中,表现出来的各种需要是否存在;

□ 使用者没有需求

■ 使用者有需求

▩ 需求 在同层次需求中,使用者的这项需求相对比较重要

图2-25　上海地铁使用者行为环节与需求层次相关性

者属于不出站移动,因此对车站外部的信息就没什么可关心的。所以如果从广义角度来说,"换乘通道"环节也可以属于几乎所有需求都有的环节。

那么为什么这些环节会几乎涵盖所有的需求呢?仔细分析,可以看到这8个环节有一个共性特征,就是它们通常都有着一定面积的物理空间,使用者通常也可以较长地存在其中。因此,时间和空间的一定量对于需求的丰富性有着很大的影响力。那么,可以推断,如果建设空间狭小或让人无法久留的地铁环节就会弱化或降低使用者的需求。反之,越是希望呈现丰富多彩的城市交通生活、满足更多样的地铁使用者需求的地铁,就越应该在设计时考虑造得大些,供使用者停留得久些。

(3) 环节的对称性。如果从纵向去观察该图,另一个规律也显现出来:在纵向方向上存在着一定的对称性。也就是说,研究者可以看到那些物理空间相同的环节,虽然行为是反向的,使用者表现出来的需求却有着极其惊人的相似性。

横向分析—从需求和层次来看

（1）3个层次都很丰富。从总体上来看，上海地铁各个层次中都反映出使用者的多项需求，这说明了上海地铁能够一定程度上满足使用者的这些需求，也说明上海地铁生活的丰富性和多样性。

（2）"可以使用层次"的需求最多。从层次来看，明显地，囊括所有基础性需求的"可以使用层次"比"便于使用层次"和"乐于使用层次"要多得多。基本上，3个层次随着需求越来越具有个人选择性，呈现递减趋势。这验证了，"可以使用层次"上的需求更是必需的，基本上在所有的地铁环节上都要实现。

（3）"信息需求链"的重要性。除了"导向需求"在部分环节中缺失，几乎所有环节都涉及"信息需求链"上的各项需求。这说明这根需求链对于使用者的重要性。

（4）时间因素与"利用时间需求链"的关系。可以看到"利用时间需求链"上的各项需求只在停留时间非常短的环节中缺失。所有能让使用者停留久一点的环节都出现了使用者希望利用时间的需求。相信，这与上海这个城市的地域文化特征有关：生活节奏快、工作压力大、商业刺激多、个人娱乐和个性化服务丰富……

由此，可以进一步详细分析得出图2-26"上海地铁使用者行为环节与需求层次相关性和重要性比较"。

纵向分析—从环节来看

（1）"乘坐"和"到达候车站台"2个环节中重要的需求占了绝大多数；

（2）"进入车站（含买票）""离开候车站台"和"换乘通道"3个环节中重要的需求占了多数；

（3）在原来有着相似需求的5组环节中，有4组的重要需求几乎一模一样。

横向分析—从需求和层次来看

（1）广泛分布在3个层次上的众多重要的需求，反映了上海地铁使用者的旺盛需求；

（2）研究者"可以使用层次"的重要需求多于其他层次；

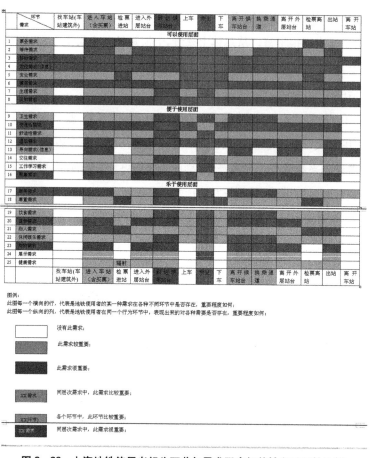

图例：

此图每一个横向的行，代表地铁使用者的某一种需求在各种不同环节中是否存在，重要程度如何；

此图每一个纵向的列，代表地铁使用者在同一个行为环节中，表现出来的对各种需要是否存在，重要程度如何？

没有此需求；

此需求较重要；

此需求很重要；

XX需求　同层次需求中，此需求比较重要；

XX(行节)　各个环节中，此环节比较重要；

XX需求　同层次需求中，此需求很重要。

图 2-26　上海地铁使用者行为环节与需求层次相关性和重要性比较

（3）需求—层次的细分区别不明显；

（4）几个重要需求的解释。

从图 2-26 可以看出有 10 个需求在众多环节中广受使用者的重视，它们是：移动需求、定位需求（信息）、携带需求、认知需求、快速性需求、通信需求、聚集需求、购物需求和审美需求。如果地铁建设在设计中可以较系统地考虑好相关的问题的话，那么使用者会比较容易满意，并对地铁留下较好的印象。

其中 3 个需求需要特别说明：通信需求、购物需求和审美需求。

使用者对"通信需求"的注重是上海地域文化的反映。上海都市生活紧张，人们要充分利用交通时间联系他人，地铁使用者的这个需求对应了上海地铁使用者大量使用手机通信的现状。2017 年开始，上海地铁使用者可以在地下信号不佳的地铁里，使用免费的 wifi，较好地满足了通信需求。

对购物需求的广泛重视与上海是商业性城市很有关系。对于外地来沪者来说，到上海购物几乎是必需的，地铁可以带你到各处商业网点，地铁本身也可以满足人们的许多购物愿望。对于本地使用者来说，方便购物的地铁使得乘客的生活更方便，也给地铁带来了商机。

审美需求受到上海地铁使用者的广泛重视应该引起地铁建设者的注意。上海是商业化中心、金融中心、国际化大城市，无论是当地的乘客还是外地来沪的乘客，也许不一定去东方明珠游玩，不上金茂大厦，不在黄浦江上坐船，但是绝大多数一定使用公共交通。作为上海城市形象的一个窗口，地铁是百姓感知上海城市风采的一个重要场所。目前上海地铁在这方面有一定的尝试，但总体以中性化的风格装饰室内，使用者感觉不出上海地铁和其他城市的地铁有什么区别。如何在上海地铁这个城市窗口中润物细无声地传播上海地域文化是一件不容易的事，但这也将会极大地提升上海地铁的审美水平，从而在使用者心中留下美好记忆，为这座城市添声增色。

设计发想—上海地铁调研—设计应用举例

对上海地铁使用者的行为环节与需求相关性研究使得设计师能理性地了解上海地铁使用者的行为、需求在不同环节中的具体关系和表现。

这有助于设计师建立一种既可以宏观把握整个流程中错综复杂的相关性，又可以微观到某个具体环节的行为表现。其实，图 2 - 26 就是一份 600 多次行为观察的视觉化总结。它明确地告诉设计师上海地铁使用者在使用地铁中的所有多样性的表现。通过搜寻这张图，研究者可以帮助设计师针对这些使用者特点，设计出合适的地铁和地铁站。比如，研究者发现在所有环节中都有使用者在使用手机，这说明通信需求对于上海地铁使用者来说，是一个需要覆盖所有地铁相关场所的需求，即在上海地铁中，无论是车站还是车厢，甚至隧道等，所有地铁使用者能到达的地方都应该提供通信服务（在上海地铁，主要指无线移动通信）。这样才能满足上海地铁使用者的需求。这个观察得到的结论,在访谈中也得到了证实,部分使用者抱怨,在移动的车厢中和一些车站的站台区域信号不佳。这样,他们不得不下车,找一个信号比较好的位置。这时,移动通信在上海地铁里变成了"上海不动"。然而,几乎所有的被访者在抱怨中,都不会说运营商不好,而是说"上海地铁这点事都弄不好"。这从整体上影响了对上海地铁的满意度评价。

图2-26的确表明了上海地铁使用者的丰富行为和需求,但是对于不同的城市的地铁使用者,这张图会有所不同。比如,在人流量不大的城市,可能快速性需求就不一定在所有环节出现,有些短途的地铁线路在生活节奏慢的城市也可以忽略通信需求和工作学习需求(如美国的华盛顿地铁)等,而旅游城市的地铁可以不将饮食需求、工作学习需求等考虑在内。

除了"可以使用层面"的所有需求一般都要被满足外(各个需求有轻重之分),其他两个层面的需求则可以根据其重要性合理分配资源。如对于上海地铁使用者来说,快速性需求、通信需求都很重要,如果有条件,是应该首要保证的。而如果有更多的资源条件,可以把地铁设计得更美观(审美需求)、增加适度的宣传(宣传需求)、提供一定的购物环境(购物需求)等,将会使得使用者马上感受到上海地铁物质水平和精神水平的提升,大大提高其对上海地铁的满意度评价。

第十二节　分析使用者评价因子

使用者评价

使用者评价是使用者在真实的使用之后,对事件的主观评价。这些评价是对使用者在使用过程中产生的情绪的一种抽取和提炼,但是,设计师不能简单地依照使用者的情绪判断一件事物的好坏,而应该通过发现、解剖这些情绪,来找出导致这些情绪的原因。从这个途径,研究者可以发现更多隐性的事实,这些事实可能是用观察法无法触及的角落,但是通过这些主观的陈述,被引导后,浮出水面。

对使用者内因的数据收集主要来自深度访谈。具体方法有许多,结构化的访谈,能保证几乎每个使用者行为都能找到他们的情绪评价,这些对后期数据有很大好处;非结构化的访谈,有助于引导出一些意想不到的发现,甚至能带着研究者找到一些全新的观点。

通常,在访谈中可以加入关于使用者评价的问题。如在请使用者描述了某些使用者行为之后,追问"这样做,你感到开心吗?""你觉得是什么原因让你感到开心或不开心?"……深度挖掘一个表明情绪的原因,最终可以带来一系列意想不到的结果。

在研究者的一个关于"上海家庭食空间使用者研究"的项目研究中,研究者曾有这样的发现:两个被试者,2006 年,A 家庭人均月收入过万,B 家庭人均月收入不到 2 000 元,他们两个家庭都在描述吃饭时表现出强烈的情绪。A 家庭说,吃饭时是一家人最冷清的时候,虽然无需妈妈动手,保姆会把美味佳肴做好端上桌子,但是围绕着饭桌的只有妈妈和孩子两个人,没有胃口,只感到疲惫。与之相反,B 家庭最快乐的时刻就是吃饭的时候,妈妈负责洗、捡、切,爸爸负责蒸、煮、炒,两个人忙乎了几个小时,就是为了在饭菜上桌时,看到孩子狼吞虎咽的样子,他们心满意足。由于经济条件的限制,B 家庭的家务大多由自己完成,可是研究者发现,这个家庭远比 A 家庭更有兴趣进厨房。他们甚至在节假日时,自己制作一些传统食品,比如八宝饭,这样利用休息时间,一家人都很高兴。

这些有趣的发现都是来自深度访谈,特别是针对那些有关使用者情绪的事件和行为进行的追问式访谈。

追踪使用者评价并不仅仅意味着追问使用者是否高兴。使用者评价可以是多方面的。ID 在这方面有一个比较著名的"使用者体验"研究构架。它包括寻找使用者对功能方面、认知方面、社会性方面和文化方面等各个方面的评价。十分适用于产品设计研究。[1]

如何创造自己的使用者评价构架是每个人种志调研研究者感兴趣的事情。研究者当然可以向成熟的设计公司或者设计研究机构学习,借鉴他们的研究技术。但是,不同的项目,不同的研究目的,都有不同的要求,根据具体情况而设计出合适的研究方法使得人种志调研本身做到了从用户出发。比如,在"上海地铁调研"和"上海家庭食空间使用者研究"两个项目中就使用了不同的设计研究方法。在前者,研究者更多地运用观察法,即使是做关于使用者评价的评估时,也以观察为主。然而,在后者的研究中,研究者大量地依赖访谈。这样做的原因是,前者是一个基础性的研究,它更多地关注普遍行为和普遍现象,通过尽可能客观地、全面地观察,得到一个较为完整、真实的上海地铁使用者的情况,为以后的专项研究作好铺垫。而"上海家庭食空间使用者研究"则是通过个案研究,深入使用者的内部生活,去探求各种因为个体差异而导致的非常不同的家庭生活形态。在这里,研究者不求它的普遍性,研究者需要了解的是它千姿百态的现象差异后面的深刻背景。这些内在的、深刻的原因,乍看是源自某些个案的具体情况,事实上,它们都带有更深层次的社会意义,是上海人生活形态的一种缩影。

因此,对于不同的项目,设计不同的研究计划,并在实践中不断完善自己的方法技术,是人种志调研研究者擅长的事,也是人种志调研与其他传统设计的区别所在。

实战操作—上海地铁调研—使用者情感评价的分析,使用者文化评价的分析

在"上海地铁调研"中所做的两个使用者评价,一个是关于上海地铁使用者的情感评价,另一个是关于上海地铁使用者的文化评价。

上海地铁使用者"情感评价"分析

使用者在乘坐上海地铁时,都会处于某种情绪,情绪的好坏对人们的需求有很大的影响。在此,主要对上海地铁使用者的情感评价与使用者需求的关系做一个分析。

使用者对地铁的情感评价是基于他们对当时的处境是否感到高兴的评价,分为5个不同的等级:

(1) 很不高兴;

(2) 较不高兴;

（3）一般；

（4）较高兴；

（5）很高兴。

在情感评价的 5 个等级中,研究者主要关注的是那些使用者的情感评价低(1 或者 2)的需求,和情感评价较高(4 或者 5)的需求。通过调研,研究者在这两个级差的评价中,去找寻现状中存在的问题和成功的方面。

这两个组的情况如下:

情感评价＝1 或 2：使用者觉得很不高兴或较不高兴。

情感评价＝4 或 5：使用者觉得较高兴或很高兴。

上海地铁使用者的需求分析(情感评价＝1 或 2)(见图 2-27)

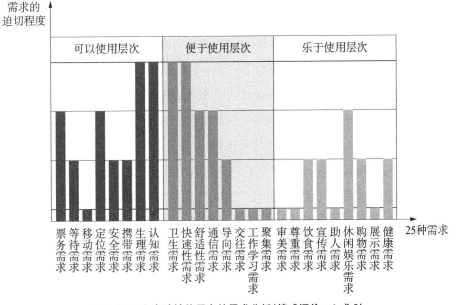

图 2-27　上海地铁使用者的需求分析(情感评价＝1 或 2)

当上海地铁使用者对上海地铁的情感评价是 1 或 2 时,无论是什么原因,使用者当时处于一种不愉快的状态。如果一个人在某个空间中感到不愉快,他会做什么? 找到引起不快的原因,解决问题。无法解决问题怎么办? 离开现场。如果无法离开怎么办？转移注意力。所以，当大多数上海地铁的使用者在地铁中遇到不愉快的事情的时候，就是按照这3种方式对待不快的情绪。很多时候，使用者碰到的问题大多与地铁的功能不好用或认知障碍有关，遭遇不快可能与情感方面的事物有关。如果能解决问题，那么使用者很快就能转为愉快或者至少不是不愉快，这类情况不在我们讨论的范围内。研究者主要关心的是那些一时无法解决问题或者即使解决了问题还是心中烦乱、情绪不高的使用者。这时候使用者的想法一般是两种："离开现场"或者"转移注意力"。

在"可以使用层次"上，当上海地铁使用者处于不愉快的状态时，虽然人们为了交通功能而不得不乘坐地铁，但是他们对现状不满，会急于离开地铁。这一层次的需求都是基础需求，可以尽快帮助使用者顺利使用地铁，并尽快离去，所以使用者对许多需求都很迫切。使用者只希望迅速买好票，找个环境相对好点的地方等待，想更快地离开地铁。因为使用者心情不愉悦，不想在地铁里走动，只想快点离开，所以移动需求极低。使用者心情的不愉悦可能会降低人们的判断力，致使对外在信息的要求增高。比如，网上就有乘客倒苦水"再碰到个没空调的！班次也很变态，显示屏上的数字也是骗人的！刚才显示了下一班车还有4分钟，一会又变6分钟了！"

在"便于使用层次"上，当上海地铁使用者处于不愉快的状态时，所有需求趋势都会向缩短时间、提高速度方向发展（"快速性需求"极高）。在这个层次上，使用者的需求差别非常大，一些需求变得非常迫切，一些需求却较少。对现状不满，人们会情绪低落，甚至愤怒，自我保护意识增强，更注重对自己物品的保护，保持其清洁，同时也容易对周围环境吹毛求疵（"卫生需求"极高）。对现状不满意致使他们烦躁，有时甚至会迁怒于周围的人或事，不愿意多加交流（"交往需求"极低）。同时，心情不好会影响工作学习效率，所以使用者的"工作学习需求"也极低。

在"乐于使用层次"上，当上海地铁使用者处于不愉快的状态时，除了满足休闲娱乐需求可能让人们更愉悦之外，一般他们无心做更多的事。如不高兴时，人们会更希望被尊重，却往往会忽视或不愿去尊重他人（"尊重需求"极低）。出于保护意识，人们会更加关注自身状况（"健康需求"较高）。

总的来说，当上海地铁使用者对上海地铁的情感评价是1或2时，表现出来就是基础性需求非常迫切，多个需求向极端化发展。

上海地铁使用者的需求分析(情感评价=4或5)(见图2-28)

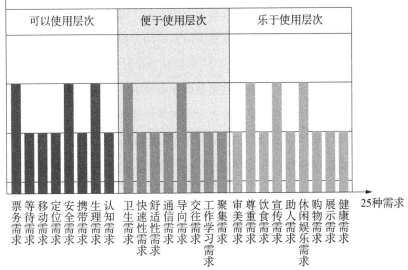

图2-28　上海地铁使用者的需求分析(情感评价=4或5)

当上海地铁使用者对上海地铁的情感评价是4或5时,使用者认为在地铁中比较愉快,对现状比较满意,由此引发许多做其他事情的可能。

在"可以使用层次"上,当上海地铁使用者处于愉快的状态时,他们对现状满意,基本需求得到满足,这一层次的需求整体较高,比较稳定,没有太大变化。乘客对现状满意,就会更愿意到处走走,了解这个环境("移动需求"较高)。他们也会更多地关注自身健康,比如地铁内拥挤,心情愉悦的使用者会更多地考虑自身安全而不去与别人争相挤地铁("安全需求"较高)。因为使用者比较愉悦,不急于获取信息,如果不会用自动售票机,愿意花一些时间去了解如何使用的需求不迫切("认知需求"较低)。

在"便于使用层次"上,当上海地铁使用者处于愉快的状态时,此层次的需求整体上略有上升,这一层次的部分需求显示人们在利用时间。心情愉悦的使用者会更乐于了解地铁外的环境,如购物,旅行,娱乐场所等("导向需求"较高)。他们更愿意在地铁内驻足,充分利用时间,心情舒畅,从而工作效率也高("工作学习需求"较高)。他们在完成乘地铁这一动作的过程中,由于地铁使其心情舒畅,所以不急于离开地铁("快速性需求"较低)。

在"乐于使用层次"上,当上海地铁使用者处于愉快的状态时,此层次的各项需求整体平稳且较高,休闲娱乐需求有所降低。因为使用者会积极关注其他事情,相比之下休闲娱乐的需求反而减少。使用者在一个让自己心情愉悦的环境中,更愿意展示自己("展示需求"增加),也更会乐于帮助别人("助人需求"明显增加)。

总的来说,当上海地铁使用者对上海地铁的情感评价是 4 或 5 时,使用者在各个层次上的需求整体上都比较平稳,三个层次的需求基本呈同一高度。人们对现状满意,享受在地铁内的时间,就会更长时间地停留,进而引发地铁内其他需求的增加。

上海地铁使用者"需求—评价"比较分析(情感评价＝1 或 2/情感评价＝4 或 5)(见图 2-29)

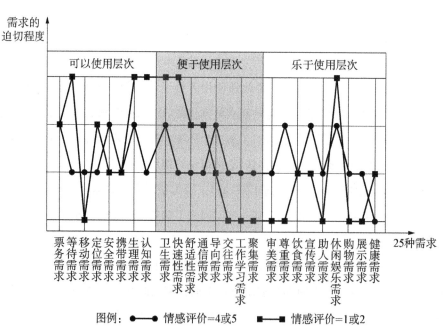

图例: ●—● 情感评价＝4或5　　■—■ 情感评价＝1或2

图 2-29　上海地铁使用者"需求—评价"比较分析(情感评价因素)

请看两组的状况,他们代表的是两种截然不同的情况:

情感评价＝1或2:使用者觉得很不高兴或较不高兴;

情感评价＝4或5:使用者觉得较高兴或很高兴。

总体分析

从图2-29来看,使用者情感评价越高,他们的需求就越趋向平稳,乐于使用层次的需求上升;使用者越不高兴,需求就会向两极发展。对于上海地铁现状不满意的使用者,他们的基础性需求和选择性需求都有,但需求差异很大。使用者心情不悦,就不愿意停留在地铁内。对于上海地铁现状满意的使用者,他们的需求非常平和、稳定,主要变化在乐于使用层次的需求上。使用者心情愉悦,表示对使用过程很满意,因此人们会有更高层次的需求。

比较折线分离点的分析(见图2-30)

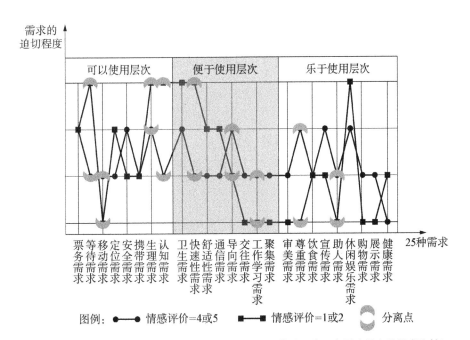

图2-30 上海地铁使用者"需求—评价"比较分析(受情感评价因素影响较大的需求比较)

首先，使用者对地铁的情感评价程度能极大地影响"信息需求链"上的需求。使用者对地铁现状越不满，他们对"信息需求链"中的各项需求就越高，他们想尽快离开，想更快得到信息，急于理解信息。而当他们对地铁情感评价高时，"信息需求链"上的需求一般，在地铁内的意愿增加，不着急定位以寻找离开的方向。

其次，使用者对地铁的情感评价程度能极大地影响"利用时间需求链"上的需求。使用者对地铁现状越满意，他们对"利用时间需求链"中的各项需求就越高。对地铁不满意的使用者，他们的"利用时间需求链"上的需求比较低。因为不高兴，人们更想排解心中的不快，而不是充分利用时间。

再次，使用者对地铁的情感评价程度能极大地影响"情感需求链"上的需求。人们对地铁越满意，"情感需求链"中的需求就越高。使用者对地铁的情感评价越低，情感需求就越低。

最后，使用者对地铁情感评价程度对"环境评价需求链"上的需求有一定影响。人们对地铁越满意，审美需求就越高。当使用者对地铁现状不满意时，他们会更多地抱怨环境。他们之所以会不高兴有很多原因，比如由于设计失误而导致的误操作，使用者会以为是自己的错误，虽然很不高兴，但也无处发泄，这时他们会更多地迁怒于环境。反之，当他们对地铁现状满意时，"环境评价需求链"上的需求会相对减少，"审美需求"上升。

比较折线重合点的分析(见图2-31)

使用者对地铁情感评价的高低对以下需求影响较小：票务需求、携带需求、饮食需求。

上海地铁使用者"文化评价"分析

上海是个国际化的大都市，各国各地的使用者云集一处，每个人都按照自己的眼光来打量这个东方之珠。有从农村初来乍到的年轻人；有以地铁为主要交通工具的老上海人；也有不少游历过各国都市的老外。在这些不同文化背景的使用者的眼里，上海地铁是那么的不一样。对地铁的不同看法会导致使用者需求的差异。

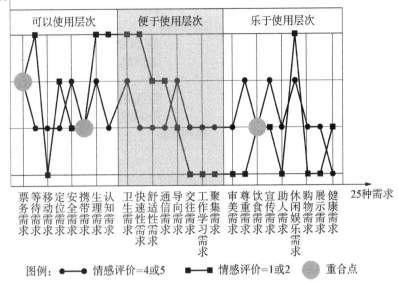

需求的迫切程度

可以使用层次　　便于使用层次　　乐于使用层次

票务需求　等待需求　移动需求　定位需求　安全需求　携带需求　生理需求　认知需求　卫生需求　快速性需求　舒适性需求　通信需求　导向需求　交往需求　工作学习需求　聚集需求　审美需求　尊重需求　饮食需求　宣传需求　助人需求　休闲娱乐需求　购物需求　展示需求　健康需求

25种需求

图例：●——● 情感评价=4或5　　■——■ 情感评价=1或2　　● 重合点

图2-31　上海地铁使用者"需求—评价"比较分析(受情感评价因素影响较小的需求比较)

在此,研究者主要对上海地铁使用者的文化评价做分析。

使用者对地铁的文化评价是基于上海地铁使用者对当时处境的文化评价:此行为是否有文化方面的潜在背景。这里的文化主要指上海的地域文化,也包括中国文化的一些方面。

它分为5个不同的满意度:

(1) 很有关;

(2) 较有关;

(3) 有关;

(4) 关系较少;

(5) 完全无关。

上海地铁使用者需求分析(文化因素)(见图2-32)

从图中可以看出,"可以使用层次"中的绝大多数需求都是与文化无关的需求。这说明人们在基础性需求层面,只要求地铁是可以使用的,无论什么文化背景的使

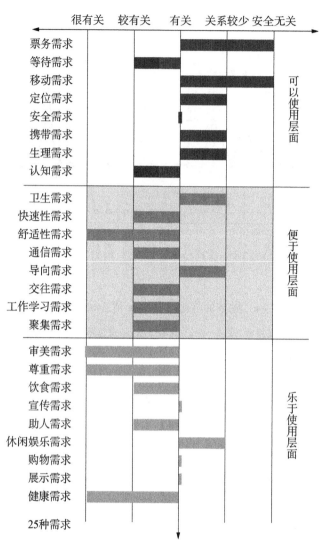

图 2 - 32　上海地铁使用者需求分析(文化因素)

用者都需要。大家的要求都比较相似,没有许多个性化的需求或行为表现。也就是说,基础性需求是比较无文化特征的需求,而受文化影响大的需求多在"便于使用层次"和"乐于使用层次"。

　　总趋势是,随着需求层次向更高级、更具可选择性的方向发展,文化因素对使用者需求的影响越来越大。

"可以使用层次"分析

在"可以使用层次"中,各种使用者需求与文化关系不大。因为这些都是基础性的需求,使用者无法不选择,所以一般来说,文化对他们的影响不大。其中有一定影响的是等待需求和认知需求。通常来说,中国人较喜欢扎堆,如果几个人一起出行,相互等待的事经常发生(等待需求)。认知需求与文化比较相关,因为各国的语言文字甚至图形的表达习惯都受文化影响。当然如果使用者看不懂文字就谈不上理解了,这点墨西哥地铁做得好,他们为那些不识字者(其他语种者也一样)设计图形,让他们能共享地铁。好的信息界面应该是无论什么文化背景的使用者都能轻松理解。

"便于使用层次"分析

这个层次的特征是各项需求与文化较有关。由于这些需求大多不是基础性需求,是可选择性需求。既然是可选择性需求,不同文化背景的使用者的需求就有所不同。一方面,他们对便利的理解不一样,表现出多样化的需求。比如舒适性需求,虽然人人都喜欢出行得更舒服些,但是因为本身生活条件的差异,来自不同地区的使用者对同样事件的舒适度的评价是不同的。另一方面,这与个人的文化修养、身份背景、身体状况也有很大关系。此层次的通信需求也与文化较有关,不同的国家文化对这项需求也有很大的影响。

"乐于使用层次"分析

这个层次上的使用者需求受地域文化的影响更大,便利与喜好之间,喜好受情感的影响更明显、更主观。不同文化背景的人有不同的喜好。所以在"乐于使用层次"上,上海地铁使用者的需求与文化较有关,但会因为个体的差别而有较大不同。比如,审美需求与文化很有关。不同的文化差异,使得不同的使用者对美有不同的标准,每个人心目中美是不一样的。尊重需求也与中国文化有关。尊老爱幼是中华的传统美德,同样也是和谐社会的体现。助人需求与文化较有关,也跟不同地区的总体文化水平有关。休闲娱乐需求与文化关系较少。在大都市,人们的压力大,在紧张的工作之后,都希望得到放松,同时需要在地铁里打发时间。

设计发想—上海地铁调研—设计应用

从国内大肆风行的唐纳德·A.诺曼的《情感化设计》之后,理论界似乎无处不谈情感设计。这是一个好兆头,说明中国的设计师开始关注使用者的感受。而且,不仅是学界谈论,业界也同样开始重视,一些跨国公司(如摩托罗拉等)不仅有设计部,还增加了用户测试的试验。还有些国际公司大力开拓使用者市场,对使用者的生活状态、价值观等做研究,而用户评价则是检验设计是否可行的一个重要环节。

现在以上海地铁使用者情感评价不高的分析为例,来看看用户测试如何发挥作用,并可以与其他城市的设计方案进行比较。

从研究者收集的数百份调查结果来看,目前上海地铁使用者情感评价不高,他们在认知需求、生理需求、卫生需求、快速性需求、休闲娱乐需求方面倾向明显,而票务需求、定位需求、舒适性需求、通信需求等也比较强烈。

仔细看看,的确,上海地铁可能被人抱怨最多的几个方面也确实在其中。以上海地铁的导向系统为例,它几经改良,有了很大的改进,可还是存在着很多问题。比如,徐家汇地铁站的"地下迷宫"就是个典型例子。在访谈中,研究者发现即使是使用地铁多年,出入徐家汇站无数次的熟客还是会一出站就找不到北。许多人认方向的方法很有趣:有人是按照广告上"太平洋百货"的标识找方向,有的人是按照认特殊商铺找方向,还有人居然按照垃圾桶来识别方向,反正五花八门的什么都有。这些访谈结果很有趣,正是这些有趣的非正常导向手段,说明现行的上海地铁的标识系统存在着很多的问题。

再举个例子,上海地铁标识系统设计中有个设计是这样的:黄色字体,是出站的指示,而白色字体是进站的指示。然而,这个"很为使用者考虑"的设计,在调研结果中显示,大部分使用者都从来不知道有这回事儿。相比之下,香港地铁在所有出站方向放上一个清晰的"出"字标牌(见图2-33),一目了然,非常方便人流疏散。香港地铁人流量巨大,但是即使在上班高峰的时段,依然秩序井然,除了市民的素质高之外,香港地铁优秀的标识系统设计也是一个重要的保证。

图 2-33　香港地铁醒目的"出"字标识[2]

注释:

[1] WHITNEY P, KELKAR A. Designing for the base of the pyramid [J]. Design
Management Review, 2010, 15(4): 41-47.

[2] 图片来自网络。

第十三节　深描、故事与痛点

对事件进行描述性呈现是人种志调研中常用的一种方法。可以通过有代表性的描述,来引出一系列的使用者行为,再通过对这些使用者行为的逐一剖析得到典型的分析,呈现使用者痛点。描述性手法,有助于将一类事件串联起来,引发联想和思索,它不仅仅用于痛点介绍,也可以用于使用者分群等多个方面。

深描和逐字引用

人种志学者经常使用深描(Thick Deion)和逐字引用(Quote)来完成田野笔记和研究报告。两者都属于描述性解释,即对解释的解释。研究者会尽心竭力地描述一个文化场景,或者是一个重要事件,希望传达被研究者当时的情感,以及他所观察到的事实。在描述中,他们会特别注重被研究者曾经说过的话,并尽可能原封不动地引用。特别是一些被研究者使用的词语,在文化中常常叫作"黑话"。"黑话"可以算是一种符号。而符号是意义的表达工具。当个体之间共同使用同一套符号的体系的时候,他们就建构了文化。被研究者所用的这些只有他们团体内部人所理解的语言符号或者是身体姿势符号,常常带有隐喻,在事件中有着重要的文化意义。这需要研究者进行理解和解释。[1]

在"上海地铁调研"中,研究者曾经发现,一些每天搭乘地铁通勤的白领,无论乘哪一号线路,无论多挤都会选择登上特定的车厢。通过进一步观察发现,这些特定的车厢车门往往离电梯口最近。这样一旦地铁进入站台,这位使用者在车门打开的瞬间,就可以急步奔向电梯,成为最早上电梯的人。通过这个办法,他们可以极大地缩短坐地铁的时间。使用者在描述这件事情的结尾,面带自豪,说出了一句话:"高峰时段,人潮汹涌,要的就是前面没人!每天上班不迟到就靠这个诀窍。"研究者就此推断,这一类使用者的动机就是追求乘坐的效率。为了效率这个目标,他们可以放弃舒适性(比如忍受拥挤)。关于这一个现象的解释和深度洞察,引入的就是人种志深描的方法。深描对行为背后的意义进行了解释。

需要注意的是,深描具有很强的主观性,他往往是研究者针对事件的一个自己的解读。常常无法翻阅文献,找到客观的标准解释。因此就存在着对同样的事件,不同的研究者会给出不同解释的情况。因此对深描与引用,需要通过其他的方法来进行三角测量确认,以保证研究者的理解是尽可能接近事实真相。[2]

浅描与故事

与"深描"相对的传统民族志方法被格尔兹称为"浅描"。[3]浅描更多的是对大多数的普通事件进行客观描述,如同还原照片一样。浅描可以将一个事件以故事的方式写下来。在故事中,对人物的行为、周围的环境,都需要进行细致而全面的描述。人种志学者通过整理田野调查当中的故事,摘取对整个人群具有代表性的事件,并将其描述出来,帮助我们更好地理解他者社会。

案例:周六上午,在上海火车站站台,两个乘客在楼梯上奔跑,匆忙赶向站台。此时车厢的门正在关闭,警示灯闪烁,并且发出"嘟嘟"的声音。其中一个跑得比较快,健步飞跃进了车厢。后面一位身上带着行李,跑得比较慢,在他跑到门口的时候,门已经关上。两位乘客隔着门非常着急。在站台上的那位,放下行李,对着同伴一通手势,里面的乘客也在飞快地做着各种手势,两个人都在急切说着话,但是没法理解对方。此时站台的工作人员走了过来,用手指了指地铁前往的方向,又指了指地面。这样,车内的乘客明白了,他点了点头也做了相同的手势。研究者跟随第二位乘客乘坐了下一趟车,他们发现在下一站的站台上,第一位乘客正在那里等着,看到车厢里的同伴,第二位乘客马上上了车。

在这段田野笔记中,站台的工作人员的手势是一个特定事件背景下的表达方式。当两位乘客突然遇到被车门分离的情况时,他们各有主张,不知道如何沟通,各自使用自己的表达方式,但是无法使对方理解。工作人员处理这一类突发事件非常有经验。因此他采用的手势,是大多数人可以理解的通用表达方式。

在设计调研当中,我们可以引入人种志的深描与浅描方法,去还原使用者发生一些特殊行为的使用场景。也可以通过两者的结合,描述使用者痛点发生的情况。以下通过三名上海地铁使用者的故事,解释地铁使用的痛点。在分析的部分,不仅找出了痛点,也对各个环节的需求进行了挖掘。

案例一

晓晨的故事：经常乘坐，还会搞错

4月18日星期二上午9：55，晓晨走进了金沙江路地铁站，她快步走上站台，前一辆列车刚好离去。她有点后悔，刚才在底层站台的面包店听到车进站的声音，没当回事。

晓晨需要在下午1点前赶到闵行区的学校给学生上课。她算了一下乘3号线到上海南站，换乘1号线到终点站莘庄站，再乘5号线到东川路站，留上1.5小时一般够了。如果到得早，还能省出吃午饭的时间。

这是她第3次走这条路线，她知道这个站同时有3号线和4号线。她每次从家里来的时候，都是乘1号线再换乘3号线。所以她回去的时候就反过来乘。但也会小心注意辨认，因为有一次，看到车站上有车停着，就一头扎进去了。乘了几站听到报的站名不对才发现坐的是4号线，赶紧下车，幸亏还在3号、4号线的并行段，再换3号线也不耽误。

利用等车的时间，她决定去看看路线牌。看了她突然发现，原来4号线和1号线在"上海体育馆站"是连着的。早知道上次就不用下来了。这时，车来了。真巧，就是4号线。她连忙跳上去，还有座位。上了车，她发现车门口的路线表，好像也标着"上海体育馆站"是4号和1号线的并行站。

车子在摇，她也有些累了，不知不觉中就睡着了。车子突然刹车，她一下子醒了，刚好听到报站"上海体育……"，她赶忙下车。当她三步并作两步来到出口，一问之下，又傻了眼。这站不连着1号线！这才知道，原来这站是"上海体育场站"而非"体育馆站"。她只好回到底层站台，继续等车。

她觉得今天真不顺，都怪那地铁。

人物档案

晓晨，35岁，女性，大学老师，在上海住了25年，经常乘地铁，时间不固定，很少在高峰时间出行，但出门一般乘地铁。

使用者分析

虽然住在上海多年，很多像晓晨这样的乘客，只知道某些线路或路段，而在选乘别的线路或路段时仍会遭遇种种问题。虽然他们对这座城市和地铁都很熟悉，但是新的尝试会不断地改变他们对这座城市的印象。反过来，地铁，作为市民了解城市的一个窗口，也同样可以成为城市向市民展现地域文化和倡导文明的舞台。

路线分析

（1）"金沙江路站"上车—3号线—终点站"上海南站"下车—换1号线中途车—终点站"莘庄站"下车—换5号线上车—"东川路站"下车。

（2）"金沙江路站"上车—4号线—"上海体育馆站"下车—换1号线上车—终点站"莘庄站"下车—换5号线起点—"东川路站"下车。

行为过程的环节分析

找车站—进入车站（买票）—检票进站—进入外层站台（—到达候车站台—上车—乘坐—下车—离开候车站台）（—换乘—到达候车站台—上车—乘坐—下车—离开候车站台）（—换乘—到达候车站台—上车—乘坐—下车—离开候车站台）—离开外层站台—检票离站—出站—离开车站

这里可以看到有一部分环节是重复的，简化后的行为环节有

找车站—进入车站—检票进站—进入外层站台—到达候车站台—上车—乘坐—下车（—换乘）—离开候车站台—离开外层站台—检票离站—出站—离开车站

使用者行为及设计分析

行为1：晓晨在面包店买东西。

痛点分析：在地铁中，人们不只是乘车，还有其他商业需求——购物需求。

设计建议：应该利用人流集散地，安排合适的商业场所，方便使用者，创造商机。

行为2：晓晨错过第一辆列车。

痛点分析：在车站外或底层站台希望知道列车是否进站台的情况——定位需求（信息）。

设计建议：在车站外或底层站台设计电子屏幕，告知车站的情况和列车的情况，甚至还可以帮助乘客决定是否乘车（如上班时太拥挤，乘客可以选择乘坐其他交通工具），这些信息也可以通过手机提供。

行为3：晓晨计算回程时间。

痛点分析1：人们希望了解全路程所需的时间，特别是长途或有换乘需要时——定位需求（信息）。

设计建议：提供服务，计算路程所需时间。

痛点分析2：人们希望了解车到站的准确时间。

设计建议：每班车到站时间精确。

行为4：晓晨以往都是原路返回，不知道也可以乘4号线回去。

痛点分析：人们在不熟悉路线上，会自然地按照习惯，虽然，这并不一定是最优的方案——定位需求。

设计建议：提供服务，告知不同的换乘法。

行为5：晓晨错过车，站台上人不多，才去看站牌。

痛点分析：在人多或车马上进站时，乘客可能没有时间看路线牌定位需求（信息）、认知需求。

设计建议：在站台候车口上方设立路线牌或信息屏。

行为6：晓晨曾经乘错过车。

痛点分析：不同线路的车，从外观上区别不明显，乘客不注意而容易乘错——定位需求（信息）、认知需求。

设计建议：不同线路的列车外观设计明显的区别，而非仅仅是色带装饰。

行为7：晓晨乘错车，听报站名不对才发现。

痛点分析：人们可能需要在车内辨别列车——定位需求（信息）。

设计建议：不仅从外观上区分不同列车，也可以通过声音提醒、车厢内饰、在车内标数字等区分。

行为8：晓晨在车上找路线牌。

痛点分析：人们在不同时间、不同地点需要了解路线——定位需求（信息）。

设计建议：在不同地点和时间提供路线信息，也可以提供可以随身携带的信息表等。

行为9：晓晨在车上睡着了，错过站。

痛点分析：熟客经常会在车上睡着——舒适性需求、认知需求。

设计建议：到站前提醒，需要振动或声音方式。

行为10：晓晨需要在"上海体育馆站"下车，却在"上海体育场站"下来。

痛点分析：车站的站名设计应注意不要引起混淆——认知需求。

设计建议：站名应该差异化，即使不同的线路也需要避免误导乘客。

案例二

李放的故事：误导经历，改变了原来美好的回忆

李放从外地来上海打工，他准备住在闵行的老乡那里。老乡跟他说："我这里地铁站叫东川路站，要换乘车的……"李放懒得记这么多，自己又不是第一次出门。路上打游戏，手机流量用光了，想想还好自己带了几百元大钞。

下了火车，走入地铁售票厅，没有人工售票，大多乘客都是刷卡或用手机入站，自动售票机前停留着几个迟疑的人。李放走过去，打算用售票机买票。几经周折之后，机器却在最后拒绝了他：本机暂不接受纸币！他没有足够的硬币，抬头看看机器上的提示栏，电子滚动字幕上不断播放："本机无纸币找零。"李放心里沮丧，只能找人兑硬币，可是现在都手机支付，带硬币的人非常少。

放下行李，站在上车口，李放才开始想转乘这回事。手忙脚乱，也没记清楚。这会儿要上车了，他着急了起来。他环顾站台后，奔着工作人员而去。"喂。东川路怎么走法？""什么'喂，喂'的？人民广场站换2号线。"工作人员显然不满意李放的"问候语"。

在人民广场站换乘2号线，他见识了上海的下班人潮，想象了一下自己以后也要成为这汹涌人潮中的一员，不禁打了个寒颤。大家在冗长的走道中移动，有时，他手里的行李滑下，差点掉下地。他想，如果掉落在地，实在不敢去拿。他想起那些"人踩人"的恐怖事件。经过缓慢的移动，大家到了2号线不太宽阔的站台。李放看了两边的线路表都没有找到"东川路站"，当他找到"东昌路站"时，终于明白并开始生起气来，那个工作人员肯定听错了！

回到1号线，他遭遇了更大的人流。6月份车厢里已经开始变得闷热。他的行李被悬空起来，遭到别人的白眼指责。

到莘庄站换5号线时，天色已晚。终于空下来的车厢让人昏昏欲睡。幸好，最后他及时在车门关上前，下了车厢。

李放到达老乡的家时又饿又累。是啊,晚上9点钟了。他打算对来上海打工这件事重新考虑。

人物档案

李放,20岁,男性,打工者。初次来上海。

使用者分析

对于不熟悉上海的外地乘客,如果乘坐地铁,这段经历会很大程度上影响他们对上海的印象。如果整个过程顺利,他们会认为上海是高效、先进、充满科技的城市;反之,可能留下冷漠、没人情味、排他,甚至是影响乘客尊严的负面形象。

路线分析

(1) 应该走的路线为:上海火车站站上车—1号线—终点站莘庄站—转5号线—东川路站下。

(2) 实际上走的路线为:上海火车站站上车—1号线—人民广场站下(1号线站台不出站换乘到2号线站台—2号线站台不出站换乘回1号线站台)—1号线—终点站莘庄站—转5号线—东川路站下。

行为过程的环节分析

找车站—进入车站(买票:尝试自动售票机不顺利)—检票进站—进入外层站台—到达候车站台—咨询—上车—下车—转到2号线车站—发现不对—转回到1号线车站—上车—下车—换乘—上车—下车—离开候车站台—离开外层站台—检票离站—出站—离开车站

使用者行为及设计分析

行为1:李放对上海有着美好的预期。

痛点分析:对于外地使用者来说,上海通常让人认为是一个高度文明、美好的城市。

设计建议:通过旅行社、交通售票处、网络等其他媒介,可以向外地来沪的乘客进行宣传、当这种预设的印象与现实冲突时,结果有时是正面的,有时也可能是负面的。

可以在火车站附近的地铁站增加更多针对不熟悉上海的使用者的帮助措施。

行为 2：李放没有事先了解路线走法。

痛点分析：很多人并不预先了解地铁路线走法——定位需求(信息)。

设计建议：预先发放线路图(或网络线路图)，并考虑其他在车站的辅助方法。

行为 3：李放尝试使用自动售票机。

痛点分析：机器如果设计得不易学易用,很容易给人带来挫败感——票务需求、认知需求。

设计建议：自动机器的界面设计要很友好,易于操作;火车站等地,可以适当设立人工售票。

行为 4：李放没有硬币,无法使用自动售票机。

痛点分析：机器难以解决所有的问题——票务需求。

设计建议：可以考虑增设自动找零钱机器,或增加人工服务。

行为 5：李放找人兑换硬币。

痛点分析：对于不熟悉机器售票的人,特别是不少首次使用地铁的乘客,人工售票都十分必要——票务需求。

设计建议：交通枢纽(如连接飞机场、火车站、长途汽车站、郊区车站等的地铁车站),应该设立部分人工售票窗口。

行为 6：李放问讯如何转乘。

痛点分析：乘客有时在站台上也会需要知道转乘信息,或其他线路的信息——定位需求(信息)。

设计建议：在站内设全市地铁地图、赠送地铁地图;提供问讯(人工或免费电话);提供电子查询;在地铁票后面印简约地图,仅标出转换站。

行为 7：李放不够礼貌的问候语遭到站台工作人员的不满。

痛点分析：人工问讯中可能出现的口误或误听——尊重需求。

设计建议：注意编制站名时应有的区别性;提供图示或机器查图;提高工作人员的素质。

行为 8：李放在人民广场站换乘,路途遥远。

痛点分析：换乘是很容易引起拥堵的地方,通道设计要简便通畅——移动需求。

设计建议：改建原来不合理的换乘通道,避免新建通道的问题(这点香港地铁做得很好,值得学习)。

行为9：李放的行李在人潮中差点掉了下来。

痛点分析：在较长的步行区域,人们可能需要停留或处理临时的事务——携带需求。

设计建议：人流拥堵的长距离走道,需要有一些"港湾"留出来让人临时停留。

行为10：李放感到2号线人民广场站站台狭小。

痛点分析：人流量与站台不仅是物理比例的关系,也是心理感受比例的关系——等待需求。

设计建议：上海的车站需要有前瞻性的设计,满足城市形象表现。

行为11：李放发现被工作人员误导。

痛点分析：由于对环境的不熟悉,更容易让人在走错后产生消极情绪——定位需求(信息)、认知需求。

设计建议：提供更多的方式让乘客能获得地铁信息,站名之间必须保持显著的差异性。

行为12：李放在1号线车厢感到闷热。

痛点分析：人多时人们对空气的情况会更敏感——生理需求。

设计建议：人多和人少时车厢的空调温度设置可以不同。

行为13：1号线车厢里拥挤,李放无法安置行李。

痛点分析：拿行李者的需求也同样重要——携带需求。

设计建议：在有火车站或长途汽车站等交通枢纽连接的线路上可以考虑增加行李架。

案例三

夏老伯的故事：上海是老年城市,地铁却是年轻人的天下

某个星期二早上7：34,退休后偶尔外出工作的夏老伯走进1号线莲花路地铁站。他从没有在上班高峰时段乘过地铁,一向只选人少的时间出行,尽量找起点或终点,为的是能有个座位。老人嘛,有的是时间,计较的是安全和省力。但是今天特殊,他要赶到市区帮朋友谈一个重要合同。到达站台时,刚好一班车走了,每个候车区都有几个没挤上去的年轻人,没几分钟就被后来的人围了个里三层外三层。往市区方向去的人太多,天气又闷又热。夏老伯担心自己挤不上去,还弄不好有危险。最后他想出了个主意:反方向乘回到莘庄再乘回来。随即,他就发现问题了:锦江乐园站反方向的站台在轨道的另一侧,他必须出站再进站才行。工作人员倒是理解地让他免费换到另一个站台,估计是经常有人走错。

到了莘庄站,人也不少。夏老伯走向"老人候车口",这个候车口让他感到上海的一点人情味。因为没有年轻人挤在一起,排队时还好,但是车到了,人就开始挤起来,他尽力冲了进去。坐下后,他看到后面跑得慢的几个老人最后还是站着。有个老人故意站在"爱心专座"旁,无奈座位上的年轻人根本无动于衷。这个老人背着个重重的包,从口袋里掏出了方便钩,却找不到可挂的地方。夏老伯十分庆幸自己对形势的估计:以他多年乘公交的经历,他知道没有工作人员的吆喝,年轻人让不让座得看他的道德水平。不愿意让座的即使坐在"爱心专座"上,也只当没看见老人。所以,莘庄的老人候车口,总体上还是一个站台摆设,虽然想法是好的。谁让咱们上海的文明素质还有待提升呢?想到这里,夏老伯感叹道,上海虽是老年城市,地铁却是年轻人的天下。

夏老伯坐在座位上拿出地图,再看一遍路线。他先要到上海南站站换3号线,然后到中山公园站换2号线。上海南站站,他去过,换乘不需要出站。但是中山公园站他没走过。从地图上看两个线路的车站是分开的,大概又要出站。地图太大,影响到了邻座,他赶紧收起来。

车厢里很挤,夏老伯坐在座位上,看不到窗外。他只能专心地听报站。他知道自己年纪大了,下车得提前一站准备,否则到了站才开始走,一定来不及。可是,年纪大了就是瞌睡多,今天起得早,就更困了。恍惚中好像听到"锦江乐园站到了"之类的词语,他一惊,醒了。"这好像是上海南站站的前一站吧?"夏老伯心里想。报站声已经过去。他连忙去看车厢连接处的电子屏幕。屏幕上的字滚动,都是一些标语口号。"大概,站名显示过了。"夏老伯嘀咕着。车在缓缓进站。不好,站台在夏老伯的对面,他只好半坐着(怕座位不保),伸长了脖子从人缝里看。好不容易看到了对面站台上的"锦江乐园"字样,但是还是不能确认下一站是不是"上海南站"。

他想起,上次从莲花路站去陕西南路站,路上也是睡过去了,后来在黄陂南路站看到黄陂南路站站名旁边写着下一站陕西南路站,慌忙下车,发现早就坐过了(从莲花路站去陕西南路站方向,应是常熟路站—陕西南路站—黄陂南路站,所以夏老伯应该在常熟路站提前准备)。原来,慌忙之中,看的是对面反方向的站牌名。

到了目的地车站,出了车厢,夏老伯没有跟着大家往电梯那里走。他想先坐一会儿,等人少了再上去。由于还是高峰时段,站台上不多的几个座位都坐着人。他只好站着。他看看站台上的工作人员,心里想:如果这里有爱心专座,可能加上他们的吆喝,也许自己还能坐一会儿。

终于出了站,夏老伯舒了一口气:今天还好,一路都还算顺利。而且,在中山公园换乘时,居然发现那里并不要出站,省了不少麻烦。还好,他用的是交通卡,不然按照地图上分段买票,还不知要出多少事呢!

人物档案

夏老伯,73岁,男性,退休老人,长期在上海居住,出门喜欢乘地铁,很少在高峰时段出行。

使用者分析

上海的退休老人乘坐地铁有几个特点:他们需要的首先是安全,所以最怕拥挤;其次是省力,所以他们希望有座位,有方便放东西的地方;经济也是他们十分关注的,如果利用优惠票价来吸引他们在人少时乘车,一定会起作用。

路线分析

莲花路站上车—1号线—终点站莘庄站下车—再上车—1号线中途站上海南站站下车—换乘3号线起点上海南站站上车—3号线终点站中山公园站下车—换2号线起点中山公园站上车—静安寺站下。

行为过程的环节分析

找车站—进入车站(含买票)—检票进站—进入外层站台—到达候车站台—上车—乘坐—下车—离开候车站台—换乘(1号线同一站)—到达候车站台—上车—乘坐—下车—离开候车站台—换乘(1号线中途站换3号线起点站,不出站换乘)—到达候车站台—上车—乘坐—下车—离开候车站台—换乘(3号线终点站换2号线起点站,不出站换乘)—到达候车站台—上车—乘坐—下车—离开候车站台—离开

外层站台—检票离站—出站—离开车站

这里面可以看到有一部分环节是重复的,简化后的行为环节有:

找车站—进入车站(买票)—检票进站—进入外层站台—到达候车站台—上车—乘坐—下车(一换乘)—离开候车站台—离开外层站台—检票离站—出站—离开车站

使用者行为及设计分析

行为 1:夏老伯乘地铁一向只选人少的时间出行。

痛点分析:对于老人来说,乘地铁的时间可以选择,他们最希望安全、经济、舒适——安全需求、舒适性需求、票务需求。

设计建议:可以在相对人少的时段向老人提供优惠票价来吸引老人,这样也会有效地减少高峰时间老人的出行,并保障老人们的安全。

行为 2:夏老伯乘地铁尽量找起点或终点上车。

痛点分析:老人乘地铁希望有座位,节省体力,也安全——安全需求、舒适性需求。

设计建议:设置一定比例的老人专座。

行为 3:夏老伯决定反方向乘回到莘庄站再乘回来。

痛点分析:到起点站排队可能争取到座位——安全需求、舒适性需求。

设计建议:根据不同的需求,制定解决方案。

行为 4:锦江乐园站反方向的站台在轨道的另一侧,夏老伯必须出站再进站才行。

痛点分析:站台之间应该有内部换乘通道——移动需求、票务需求。

设计建议:建天桥或地道,检票闸机接受同一站已经检过的票,工作人员理解使用者的困难处境。

行为 5:夏老伯在"老人候车口"排队,觉得这个设计有人情味。

痛点分析:社会上的弱势群体需要大家的关注,体现了社会文明和良好城市形象——尊重需求。

设计建议:可以推广到其他一些车站。

行为 6:夏老伯进车厢时还是需要抢座位。

痛点分析：关心老人候车，还要关心老人是否候到座位，否则还是流于形式——尊重需求。

设计建议：可以在车厢相应位置上设老人专区。

行为 7：老人故意站在照顾座旁，但是还是得不到照顾。

痛点分析：让座是社会公德，不是必须，想要这种文明现象多出现，还要从硬件设施和精神文明两方面入手——尊重需求。

设计建议：突出照顾座的外观，使之与其他座位更有区分或设照顾车区。

行为 8：有老人背着个重重的包，从口袋里掏出了方便钩子，却找不到可挂的地方。

痛点分析：有些弱势群体，带着小型的重物，需要勾挂——携带需求。

设计建议：可以设计此类装置，使地铁更符合用户需求。

行为 9：夏老伯觉得莘庄站的老人候车口，总体上还是一个站台摆设。

痛点分析：如果设计流于形式，效果反而不佳，甚至引起反感——尊重需求。

设计建议：做完面子工程，继续做里子工程。

行为 10：夏老伯看地图，发现中山公园站 2 号、3 号线的车站是分开的。

痛点分析：地图应该正确显示地铁车站情况——定位需求（信息）、认知需求。

设计建议：地铁可以提供正确的地图，并检查其他机构地图的准确性。

行为 11：地图太大，邻座在皱眉。

痛点分析：乘客需要随身带地图，而且是小而轻巧的，但是老人并非都能够使用手机——工作学习需求。

设计建议：发售或赠送小尺寸的便携式地铁地图。

行为 12：夏老伯坐在座位上，看不到窗外，他只能专心地听报站。

痛点分析：乘客希望坐着也能看到站台的相关信息——定位需求（信息）、认知需求。

设计建议：在坐着的乘客的视野范围内提供信息服务。

行为 13：夏老伯睡着了，漏听报站。

痛点分析：车程较长时，人们很容易睡着，有时候光听报站是不够的，特别是报站次数少的时候——定位需求（信息）、认知需求。

设计建议：需要提供其他形式的报站方法，或者增加报站次数，特别是当车厢拥挤时。

行为 14：夏老伯看不清电子屏幕的滚动字幕。

痛点分析：电子字幕是一种实用的信息提供工具，但是界面需要设计，要考虑认知能力——定位需求（信息）、认知需求。

设计建议：将字幕栏分成两栏，一栏固定文字显示下站站名，余下部分滚动显示其他内容。

行为 15：夏老伯在车厢里艰难地看站台上的站名标识。

痛点分析：人们需要在车厢里能看到站台上的站名——定位需求（信息）、认知需求。

设计建议：站名在站台各处应有更多提示，字要足够大，让在移动车厢里的人可以快速识别，也可考虑将站名标牌放在高空悬挂起来，或放在隧道贴近车窗处，调整到比较容易被车厢各处的乘客看到的高度。

行为 16：夏老伯曾因为看错站台上的下一站站名而走错过。

痛点分析：人们也需要在车厢里能看到站台上的下一站站名，特别是老人，需要时间提前准备下车——定位需求（信息）、认知需求。

设计建议：可以在站台中间的天花上悬挂标牌，供车厢里的人看站名和其他信息。

行为 17：夏老伯出车厢后，想坐会儿，没找到座位。

痛点分析：老人不愿意和人挤，情愿坐一会儿，休息一下，等人少时再走——舒适性需求。

设计建议：现在许多站台不设太多座位的原因是考虑车辆间隔时间短，人们等车不会累，但是对于老人们来说，再短时间也想坐。

行为 18：夏老伯希望站台上设照顾座。

痛点分析：因为有工作人员在站台，所以如果设了照顾座，的确会发挥作用——舒适性需求、尊重需求。

设计建议：站台上设照顾座，给最需要的人坐。

行为 19：夏老伯虽然被地图误导，但因为使用交通卡，所以没有麻烦。

痛点分析：交通卡的优点——票务需求、舒适性需求。

设计建议：大力推广使用交通卡等方便的措施。

注释：

［1］大卫·M. 费特曼. 民族志：步步深入［M］. 龚建华, 译. 重庆：重庆大学出版社,2013.

［2］格尔兹. 文化的解释［M］. 纳日碧力戈等, 译. 上海：上海人民出版社,1999.

［3］同上。

第三章　全球地铁案例与分析

第一节　全球地铁导向设计案例与分析

全球地铁的导向设计

传统的导向设计建立在 20 世纪 20 年代的"依索体系运动",即图形传达系统。导向设计史上著名的事件与英国伦敦地铁相关。1933 年,伦敦地铁系统分布图出现,在设计上有三大变革:其一是图形变革,伦敦地铁系统分布图把站点和线路简化成圆圈和直线;其二是字体变革,该图摒弃了传统的繁复不统一的字体,创造了简单的无装饰线字体"铁路体";其三是色彩变革,该图用不同的色彩表明了各个不同的地铁线路。这一系列的变革奠定了它作为现代交通版图导向设计的基础。标准化做得最好的要数美国的交通导向系统。据说第二次世界大战后,美国政府委托美国平面设计学院设计交通导向设计系统,最后形成了 34 种基本图形。美国标准化的视觉体系成为全球的典范,其最深远的影响是使世界交通的导向符号趋于统一。

传统的导向设计注重图形的意义、图形与颜色的关系、图形与图形的关联。其在用户体验方面基本上是围绕着如何设计出美观、易于理解、易于识别的图与色的配合,它的内容仅仅局限于视觉化的图形设计上,即导向标识设计上。这种观念是一种基于设计师对使用者的理解和经验的基础上形成的设计准则。在现实工程中,很少见到在设计之前对使用者做调查研究,也就无从说真正地以使用者为中心的设计了。

人种志调研针对使用者做研究,其重要意义在于提出了导向设计不应该局限于导向标识设计上,它应该广泛地包括一切可以帮助使用者导引方向的设计,它是一个系统设计。还是以地铁设计为例,如果使用者可以从车站环境的特征(这些特征可能是墙面的材质、地面的色彩、特殊图案的吊顶等)中辨别出车站,就无需四处寻找站名标牌;如果使用者可以听到音乐就知道出口的方位,就无需在众多的广告中寻找小小的标识牌;如果使用者能够顺着地势走入换乘通道,也许就无需那些维护秩序的工作人员的指引。

基于人种志调研的导向系统设计将平面设计、室内设计、建筑设计、景观设计、产品设计结合在一起,涉及经营管理、文化传播等。由于它的立足点来自对使用者的研究,凡是能够帮助使用者寻找方向,导引使用者顺利方便使用的事物都是设计师所应该考虑的,且将它们系统地、综合地联合起来才能发挥作用。

基于人种志调研的导向系统设计将突破视觉设计的禁锢,将为听觉、触觉甚至嗅觉等多种感官通道实现设计。我们有理由假想,如果置身于一个经过基于人种志调研的导向系统设计过的地铁中,不仅可以看到各色清晰明了的视觉标识,也许还可以"踩着音乐节拍下车""闻香识出口",甚至"摸着石头过通道"……

实战操作—全球地铁导向系统设计案例分析

中国香港地铁导向系统设计

乘地铁的人都知道,在所有导向标识中,最常用的还属站名。不管你是第一次乘的旅者,还是天天乘的熟客,每到一站,大多要伸长脖子看看到哪一站了。在上海,实地观察表明,从车厢各个位置,或坐或立,大多数情况是不容易看到车站内标识的站名的。当然,上海地铁有播音和电子屏幕会提醒乘客下一站到哪里了,但经常会被错过,等到你想听想看的时候,有时已经播报过去了。

其实解决这个问题的方法有很多。最基本的方法是，在车站的柱子、墙壁等处多写多贴，让乘客无论从什么角度，在车厢中都能看到站名。香港站台上的站名，标识得极为清晰。分布在墙上、柱子上，到处都是，字体简约，高度正好让人们无论站着还是坐着，通过车窗一眼可以看到。为了避免视觉冲突，车站里隧道的一侧有许多广告，但是在站台一侧的墙体上广告很少，后面走到楼梯和通道时才又多起来。

香港地铁不同线路的站台的主导装修材质有所不同：荃湾线站台是马赛克，东涌线站台是塑铝板；而到了迪士尼专线，一下车，就看到灰绿色的铸铁大敞篷建筑和满眼的绿色植物，仿佛跌入到梦幻乐园。有些车站是两条线路的转换站，它使用的材质就很有意思了。比如说，东涌线和荃湾线的转换站叫荔景站（见图3-1），一侧墙面主要是马赛克，另一侧则是塑铝板。

图3-1　荔景站内这一侧墙面还是马赛克，另一侧则是塑铝板

同一条线路的不同站台用色彩区分。比如，港岛线的炮台山站是绿色的、铜锣湾站是紫色的、太古站是橙红色的……

大多数车站的中文站名都是用简约清晰的繁写宋体制作，而在港岛线上有一个独特站名：巨型泼墨行书站名(旁边是繁写宋体站名)。黑色的中国书法写在光洁的塑铝板上(见图 3-2)，在这个国际化大都市的地下散发着缕缕东方文化的墨香。

图 3-2　太古车站站台的书法站名非常醒目

指引标识中最成功的是出口指示，香港地铁的指示方式是一个非常简洁的绿底白字"出"，远远地就很容易辨认，跟着这个字走，很快就能走到地面出口。在全球各地的地铁中，没有哪个城市的出口标识比它更简洁有效。后来，大陆部分城市，如北京和深圳地铁都采纳了类似的方式，可见深受其影响(见图 3-3)。

香港地铁的每一个车站都有街道图，图上有这个车站附近的街道地图、地铁建筑内部结构和商店指示，包括列车服务时间、查询、转线站、残疾人士进出车站的安排等。其中街道地图上面标出了地铁建筑、文娱及购物点、主要大厦、公共服务及设施、住宅、学校、公共交通等。

地铁的车厢里有一个电子屏幕。屏幕上不仅会显示地铁信息，还会提供新闻、日期、天气预报、公益广告、政府通告等信息，当然也有商业广告。

车门顶上有个路线图(见图 3-4)，不仅有本地铁线路图和换乘站标注，而且每

图3-3 香港地铁简洁有效的标识系统

（图片来源：孙远蓓，2019年，香港）

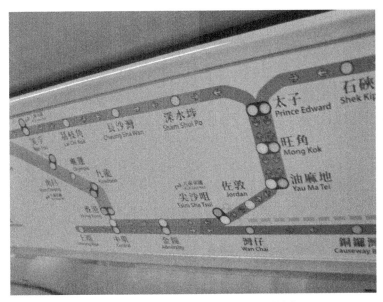

图3-4 车厢上方的线路指示提供多种信息

个站名旁都有小圆灯,车过去一站灯就灭掉一盏,还没有到达的站名都是亮着灯的。乘客随时可以查下一站是哪里。而且,站名之间还有小箭头,表示地铁开去的方向。另外,这张图的一角有两个指示灯说明是否在这一侧开门。小小一张路线图,信息量不小,都是乘客想知道的信息,非常体贴。这些设计,在今天已经到处可见,但香港地铁使用的是比较早的。

为了乘客换乘方便,在换乘站不仅尽量缩短两条线路之间的路途,有的车站一下车对面就是另一个线路的车,换乘方便达到了极致。这样的站在地铁地图上用明确的弯月形标志标出,清楚标出了往哪个方向换乘会更方便。

还有一些情感化的标识,如车厢的照顾座椅,在椅子背上画上善意的笑脸,让乘客感受这座城市的温情(见图3-5)。

图3-5 车厢里富有情感的标识
(图片来源:孙远蓓,2019年,香港)

早在2006年,香港的地铁网站就周到地告知乘坐细节。只要你输入出发站和目的站,网站会告诉你票价、大约乘坐的时间、转换车站等。这些服务设计在互联网普及的今天司空见惯,但香港在当年上网都还不是很方便的时候就能有这样的服务,无愧为优秀的国际旅游城市。

分析

香港地铁的导向系统设计做得非常符合使用者的需求。香港地铁在满足使用者"定位需求（信息）"和"认知需求"方面一直是数一数二的，使用功能非常好。它针对使用者的设计做到了以下几点：

第一，它的站名标识设计得极为清晰，且到处都有，很容易被使用者识别；

第二，它用不同的主导装修材质区别不同的线路站台，这样对于那些熟客，无需寻找站名或看线路图就能很快地辨别自己所在的线路，不但增加了定位（信息）的认知程度，也美化了环境（"审美需求"）；

第三，它在同一条线路用不同色彩区分站台，也同样符合熟客的辨别方式；

第四，车站的中文站名都有简单清晰的繁写宋体版本，简单易读，高度正好，具有香港的地域特征，也增强了定位（信息）的认知度；

第五，为了方便使用者在行进的列车上也能快速、准确地识别站名，在站名标识附近几乎不安排广告，极好地提高了定位（信息）的认知程度，有效实用，也减少了某些使用者对商业宣传的反感；

第六，将中国书法引入标识设计，是将文化元素引入定位（信息），既增加了美观，也提升了地铁和城市的品位。

但是好的导向系统不仅仅局限于标识设计，许多其他的设计也可以很好地补充，甚至可以更有利、方便地导引使用者。比如说免费地图，小小一张地图，很好地为使用者提供了定位信息、导向信息甚至宣传信息，既方便了使用者，也为地铁赢得了商机，甚至促进了城市的商业和旅游。这些免费地图上还用特殊标识标出了详细换乘信息，地图虽小，信息量巨大。

其他的地图以各种形式帮助着使用者，如车门顶上有路线图，提供定位信息。该路线图指示了路线行进情况，为使用者提供动态的定位信息，是非常体贴的设计；路线图还指示下一站开门信息，帮助使用者动态地了解关于车厢定位信息，在人拥挤时还能有助于满足"快速性需求"。还有，车厢里有一个电子屏幕（隐性地图），可以提供车站信息，也可以传播"宣传信息"。

另外一些设计完全摆脱了传统的设计思路。比如，为了方便使用者换乘，地铁站台设计成可以同一站台换乘。这是个很好的减法设计，因为使用者下车就直接到对面换乘,省去了原来必需的标识指引,简化了定位信息,方便了使用者。其他如地铁公司的网站、网络传播地铁的信息,也是以一种特别的方式引导着使用者。使用者不出门就已经对地铁信息了然于胸了。

美国地铁导向系统设计

大多数的美国地铁都用颜色代表地铁线路,有的城市(如芝加哥、华盛顿)地铁的名称就按照颜色命名(见图3-6),其他城市(如纽约,线路太多),虽然线路名称用字母和数字作为代号,但是色彩的标识作用还是十分明显,老乘客们的经验是"颜色对了就上"。芝加哥地铁的入口建筑,也时常可以看到用线路的颜色做的栏杆、地面饰线、墙面饰线,非常清楚。唯一的缺陷是,芝加哥车站站台的边缘有一段警戒带,提醒乘客等车时不要靠近列车。这段警戒带是鲜蓝色的。有时候急着乘车的乘客会误以为是来到了"blue line"(蓝线)。

图3-6 芝加哥地铁车厢里整个地铁的线路图,各条线路采用了不同颜色

利用色彩作标识的例子还有纽约地铁。在纽约,地铁很重要,可在纽约街头,地铁入口却不显眼。如果你看到街口有一条一米多高、颇为陈旧的绿色栏杆,熟客

就知道是到了地铁入口了。不信的话,继续往下走,不久就会出现"Subway"(地铁)字样(见图3-7)。

在地铁站里面的指示系统也十分明确。车站名到处都有,车厢内外只要伸伸头一定看得到,广告倒是不多,特别是华盛顿。气势恢弘的桶状室内,就像时空隧道。素水泥的壁面工程感强烈,站台上一根根伫立的黑铁信息柱(见图3-8),内容清晰,文字层次感分明——如何转车、各站站名、列车方向等一清二楚。

图3-7 纽约地铁入口的栏杆和"Subway"字样　　　图3-8 华盛顿地铁的信息柱

还有些指示标识让人记忆深刻。比如,华盛顿的站台地面有一排地灯(见图3-9),每个之间间隔一米左右,一开始不知道有什么用。等车开过来才知道,原来随着列车的靠近,平时暗着的地灯闪烁起来,并越闪越快,提醒人们不要靠近。这种地面提示很有用,在昏暗的华盛顿车站尤为醒目。

这里特别要介绍一下纽约地铁的标识特色。在纽约地铁站入口,可以看到标有"Downtown"和"Uptown"的字样(见图3-10)。Downtown指下曼哈顿。乘客们根据方向提示来判断是否与自己的方向一致。这种模糊的标识(而不是精确地以线路终点站来命名),极大地方便了乘客,不然纽约有26条地铁,谁又能全背下来

图3-9　华盛顿站台的地灯

图3-10　纽约地铁标识系统中对方向的模糊指示

呢？不过,这种模糊的标识也会有点小麻烦。因为地铁一旦过了下曼哈顿,"Downtown"方向就会反过来。这对于初到纽约的人是很容易搞错的。另外需要提一下的是,旧金山的地铁标识牌的信息也非常清晰(见图3-11)。

图3-11　旧金山的地铁入口标识

纽约地铁是全球较大也是较早的地铁系统之一,始建于1869年,线路非常多。纽约开私家汽车的人少,地铁对大多数人来说,是最便捷的。

一到华盛顿,出门乘地铁之前,朋友就提醒我:"千万别指望地铁车厢里的报站。我们住了这么多年,都经常听不懂。"上去一听,果然不行,播音员口音太重,只好老老实实看站台。后来才得知,由于美国政策规定,服务系统职位大多由黑人、少数族裔担任,因而口音听起来模糊。不过,华盛顿的车站墙壁上到处都写有站名,指示系统很清楚,一边看地图一边看站名,绝不会错。

相比起来,纽约地铁的提示语比较简洁统一。据说是为了每天能按时赶路,提高效率,把不少礼貌用语(如 Please)删去,留下的越简洁越好。同时,纽约地铁部分报站已经使用录音,发音比较标准、清晰。但其余大部分站点及临时通知都是由位于列车中部的工作人员(Conductor)用话筒即兴发挥。

对芝加哥的播音声印象最深的是男播音员(上海的报站音是女声),报站录音咬字清楚,内容全面,还会提醒大家,下一站是哪边的门打开。

分析

美国地铁中并没有很多广告。设计非常注重导向信息的识别性,内容清晰,层次感分明,在信息传播方面,功能至上。美国的不少地铁导向系统充分地运用色彩的标识作用,将导向信息分层传达,明显的文字信息为陌生的使用者所用,而熟悉地铁的老客人则可以通过线路的色彩来辨别。色彩的设计处处可见:栏杆、地面饰线、墙面饰线等不同的地方,在室内装饰之余起到了暗示线路信息的作用,有效地引导熟悉地铁的使用者。

纽约地铁的导向设计利用"Downtown"和"Uptown"来引导使用者的方向,模糊性的方向信息是很好的导向性设计,充分根据使用者的认知习惯,针对熟悉地铁和城市的乘客设计。

利用听觉系统来导引使用者也是很好的导向设计,但是听觉信息的标准程度直接影响导向信息的传播有效性。正如纽约地铁中,既有恰如其分的视觉导向系统,又有清晰适度的听觉导向信息,一定会更加方便使用者的使用。这里并不是说真人播音就一定不如标准化提示语。只要符合基本的认知度要求,事实上是,真人用比较标准的言语来播音会达到很好的效果,既有地方风格的亲切,又不影响信息的识别。也可以用本地口音播报一遍,再用标准口语播报一遍。

同样,美国地铁也使用了免费地图和地铁图参与导向系统。一方面,地图帮助使用者了解"定位信息",方便使用地铁;另一方面,如果能把地铁看作为一个城市的载体,它会把城市的文化带给人们,也把人们带向城市的商业区和旅游地。

日本地铁导向系统设计

日本地铁网络纵横交错,地铁标识也举世闻名,走进地铁,随处可见标有地名和箭头的牌子。售票窗口前的地图、自动售票机、自动检票机、月台上的电子屏、出站前的自动"清算机"等都是方便乘客的设计。实在不行,还可以问站务员,他会谦恭地告诉你如何换乘最方便,甚至给你画张草图。

为了更好地方便外国游客,日本的重要交通场所,特别是国际乘客居多的地方都同时使用英语、汉语(中文简体、繁体)和韩语。对于外国游客,日本四通八达的地铁网络就显得更为复杂。因此东京地铁和大阪地铁一改传统的标识方法,用字母表示各条线路,数字表示车站,如丸之内线的东京车站现在标为"M17"。

在日本地铁月台上,乘客们会听到一段音乐,表示列车将要进站。它是一种柔和的电子音乐,有些是专门编曲,也有传统音乐。短短的几秒钟,比起其他地方的提示语更让人觉得亲切,给人的体验尤为深刻。记得有朋友去京都住过,回来之后,每次听到《樱花》(有点像中国的《茉莉花》),都想起在京都的日子。事实上那首曲子是在京都的地铁站台上播放的。有学者认为,利用听觉作标识有很多好处。虽然人类的感官信息87%来自视觉,但也有资料显示通过听觉唤起的记忆比视觉更丰富且深刻得多。而且,音乐本身就蕴含很多文化联想。

分析

日本地铁的导向系统保证了地铁的各处都有标识,使得使用者的"定位(信息)需求""导向(信息)需求"都得到很好的满足。这将会给那些不熟悉地铁的使用者留下非常好的印象。

除了传统的标识设计,为使用者提供优秀的人工服务也同样重要。对于使用者来说,尤其是不能顺利使用标识的使用者来说,人工服务是标识系统的良好补充。日本地铁的人工服务态度好,不仅极大地满足了尊重需求,也会大大鼓励那些不熟悉地铁的使用者去询问。这种导向设计,是传统导向系统中从未涉及的内容。另外,利用听觉来实现对使用者的引导,用音乐作为站台提示音,这种巧妙的定位(信息)设计,提高了地铁导向信息的认知度,不但给使用者留下很好的印象,也起到了文化宣传作用。

韩国地铁导向系统设计

以首尔为例,首尔地铁主要的9条线路虽然是以数字命名,却有着明确的代表颜色(见图3-12)。这个颜色从地面车站的出入口的标牌,到站台,到车厢,一直都很明确。因此,要乘哪一条线路,只要认准哪条线路的颜色。换乘还是找到要换乘的线路颜色,所以叫"跟着色彩走"。

图 3 - 12　韩国首尔 4 号线, 车厢地面是蓝色的
(图片来源: 金星宇, 2019 年, 韩国)

　　首尔地铁广播里, 凡是到换乘站就会响起音乐, 有时候是婉转的鸟鸣。用音乐来提醒乘客不要错过换乘车站, 既生动有趣, 又可以突出与一般车站播报的不同, 的确是个好办法。另外, 据说首尔地铁里播放古典名曲, 是为了让轻生的人回心转意。

　　每一个首尔地铁车站都有个数字编号, 开头数字是线路的号码。比如, 3 号线的"大化站"的编号是 310, "景福宫站"是 327, 这之间有 16 个站, 一减就知道了。

　　<u>分析</u>

　　韩国地铁导向设计的"跟着色彩走, 听到音乐换, 记住数字下"充分地运用了色彩和数字的抽象标识作用, 也利用了听觉导向的特点, 从使用者认知习惯入手, 既巧妙地解决了功能性的导向问题, 又方便了使用者。其中, 用音乐内容与车站特征结合是很好的创意。它不仅帮助导向信息的识别, 还用音乐传达地区信息, 使得熟悉线路的使用者不需看站名就能识别车站, 这是一种大象无形的设计境界。

　　法国地铁导向系统设计

　　建于 1900 年的巴黎地铁是地地道道的"百岁老人"。但是这位"老人", 到如今,矫健依旧。站在巴黎地铁站台,往往一辆列车刚离站,隧道的另一头,下一辆的灯光已经亮起。高频率、多数量的百年地铁让每一个来到巴黎地下的人感受到它的活力。

乘过巴黎地铁的人都知道:在巴黎市区,地铁加上步行,你几乎可以到任何地方。这些交错复杂的线路如同一张蜘蛛网,兜着巴黎人民的便捷生活。地铁给巴黎人带来了无与伦比的方便。它如同经络,嵌在巴黎人的日常生活中。在巴黎,除了大富豪,几乎所有人都靠地铁过日子。甚至有的在那里读书的留学生,住了4年,除了地铁,基本上没乘过其他交通工具。

巴黎地铁的标识系统也实用方便。每个站都可以要到免费的地图(不少百货店和宾馆也有,有的甚至有中文),小小的一张刚好放到月票夹子里。按照地图,看着标识找到你要去的地方并非难事。站台上的装饰不多,但站名大多用瓷砖拼出大大的字母,在车上显而易见。

分析

巴黎地铁,虽然历史悠久,但是对于使用者来说,它依旧是快捷、准时、方便的典范。和许多大城市的地铁导向系统设计一样,巴黎地铁也提供免费地图,这些充足、方便的信息服务使得使用者感到省力、体贴。为了能最大程度上方便使用者识别导向信息,巴黎地铁的站台设计宁愿舍弃美观,简单的装饰使站名更显而易见。

墨西哥地铁导向系统设计

墨西哥的文盲率相对较高,因此乘客里难免有不识字的。墨西哥城地铁针对这一情况做了个很绝的设计:为站牌配上图标,图标一般和站名或周边环境有关。不识字的乘客也能知道自己在哪里。其实,这种设计,对于那些语言不通的外国人来说,也是很方便的。

分析

墨西哥地铁将站名设计成图标,图标的内容和站名或周边环境有关,这样将导向信息与环境特征结合起来的设计,十分有利于人们通过下意识就完成对地点环境的识别,无需文字的导引,是真正的以用户为中心的导向设计。它的通用性,使得不识字的人也得到了尊重。

瑞典地铁导向系统设计

虽然斯德哥尔摩地铁被誉为"世界上最长的美术馆",但是地铁导向系统的设计还是秉承了北欧简洁实用的设计理念。除了必要的标记,各处指引尽量醒目、明了,绝不啰唆。

图 3-13　斯德哥尔摩地铁—电梯
(图片来源:肖又歌,2019 年,斯德哥尔摩)

个别地点的导向处理成艺术化的效果,比如红线上的一站,有一些废弃的出口被改造成紧急出口图标(见图 3-14),引得游人驻足留影。

分析

斯德哥尔摩地铁导向设计凸显了实用主义的思想。以尽量明了清晰的方式传递这些功能性信息。同时,在个别地点,也将实用的指示标识与艺术化的环境相结合。

图 3 - 14　斯德哥尔摩地铁—红线—废弃的入口
(图片来源：肖又歌，2019 年，斯德哥尔摩)

第二节　全球地铁室内设计案例与分析

全球地铁的室内设计

　　传统的室内设计的准则是基于建筑设计理论而形成的，因此它是对空间、功能和美观的追求。当代的室内设计受到现代主义和后现代主义的双重影响，其在功能上偏向尽可能满足甲方要求，创造更多的空间感和实现更多的功能；其在文化上表现为借鉴或杂糅历史上各种风格和流派；受到当代主张个性张扬，极力表现个性的时代思想影响后，不少室内设计又转向形式感，追求新奇的情感设计。然而这些准则形成的基础在这个时代又都四处碰壁：功能上只迎合甲方的设计可能遭到使用者的冷遇；文化上苍白的模仿使得形式语意根本不被解读；新奇怪异的造型满足了人们的一时猎奇,但也很快被人们所厌倦……原来的经验和原则正处在交替更新的等待期,更符合发展和前进步伐的新观念正在酝酿:人们渴望超越传统,在这个使用者为上帝的时代,人们期盼着真正为人而做的设计。

基于人种志调研的室内设计应该是围绕使用者而非甲方展开的设计,设计师需要到现场和相关场合去实地观察使用者的行为,了解他们种种行为后面的动机和需求,并为实现这些需求而做设计;基于人种志调研的室内设计应该是尊重历史和文化的传承的,既保留历史的痕迹,又以现代人的眼光看设计,风格和装饰,既符合地域特点,又能展现历史发展的痕迹的;基于人种志调研的室内设计也提倡与使用者的互动,它让使用者在使用的过程中自己去塑造它、完善它、发展它。

基于人种志调研的室内设计的存在,将不仅仅作为设计的身份,也不仅仅是建筑的内部表皮,它把设计当作城市发展和使用者生活的延伸,它可以帮助使用者了解当地文化,宣扬本土艺术和当地人生活的品质美。它将更多元地渗入人们的生活和观念,因为它本来就是为人而诞生的。

实战操作—全球地铁室内设计案例分析

中国香港地铁室内设计

香港的迪士尼,人流量特别大。为此,香港地铁专门开设了一条迪士尼地铁专线(见图3-15,图3-16),甚至还出售专门的纪念车票。这趟专列的内饰风格也完全迪士尼化。车窗是米老鼠的头形,座椅设计成弧形,座椅的间隔处有不少迪士尼的卡通人物雕像,座椅选用绒布包面,充满了节日的欢快气氛。因为路途短,在门口设计斜靠坐的方式,可空出较多的空间,以供散场时集中的人流使用。

走进迪士尼站就感觉像到了迪士尼。车站以铸铁铁艺为主,把经典童话的氛围烘托得强烈无比。值得一讲的是,列车的月台建造得华美无比,而另一侧回程车站却非常简约。这是摸准了旅游心理。来的时候,大家满怀期待,车站给予人们无限的遐想和憧憬。而回去的时候,车站再好,也无法和迪士尼乐园相比,大家游兴已尽,归心似箭,也不会在意车站怎么样了。

图 3-15　迪士尼专线 1　　　　　　图 3-16　迪士尼专线 2

香港地铁有着独特的艺术文化表达。大体可以分为两种:"艺术管道""车站艺术表演"。

"艺术管道"展览,乘客通过橱窗可以看到一些艺术家、设计师或各种创意人的新作。其中不乏香港本地艺术家的佳作。这些展览使乘客在行色匆匆中,有理由停下来打量一下他所生活的这个城市。图 3-17 是艺术家刘小康的艺术展,名为"椅子"。巨大的毛玻璃拦腰开出一条观景带,从狭缝中观看椅子,仿佛从一个角落窥视整个香港的城市之心。

"车站艺术表演"是个舞台,可供专业表演家或业余艺术家一展才艺。每逢周五晚间才会有表演,很受人们喜爱。由于场地上并没有专门地台,表演者站在平地上与观众融为一体,表演亲切自然。每当来港游客途经此处,突然发现地下还有这样一景,恐怕不留下深刻记忆也难。香港地铁各站利用空间穿插了各种艺术装置,如图 3-18 所示,为市民的日常生活增添了丰富的文化气氛。特别要说明的是这些艺术展大多依托车站附近的机构、社区,非常强调调动区域力量,同时强化了乘客们观看时的地域感,将香港文化分为更细腻的地区特色来展示。

图3-17 "艺术管道"的展览

图3-18 香港站连通的大楼大厅悬空装饰

分析

迪士尼地铁专线的车厢内饰风格非常迪士尼化,那些充满了节日气氛的空间,是符合地点特征的环境设计,会使得地铁使用者喜欢并能记忆深刻(宣传需求和审美需求)。不少乘客在车里就开始拍照,这种行为背后的纪念性动机能成为一种宣传途径(宣传需求)。绒布包面的座椅,让人犹如坐在火车软卧或影院。车内宽敞的空地方便乘客集中使用,也可以增加"快速性"。特殊座椅可以促进使用者的交往(交往需求)。

在地铁室内展示艺术,特别是本地艺术,不是初级层面上的美化环境,而是将普通的市民交通空间赋予文化色彩,极大地提升了地铁的文化性,使其真正成为城市地域文明的舞台(宣传需求、审美需求)。毕竟地铁是普通市民使用的交通工具,所以地铁内的艺术也应面向广大的非专业人士,这会让观看的本地乘客更加融入艺术,并感到亲切,也让外地乘客感受香港市民的风土人情。如何实现这些好的设计想法,如何长久维持都是地铁管理和建设中应仔细斟酌之处。香港地铁给了我们一个很好的启示:利用区域力量,展现区域文化,这是"双赢"之路。

美国地铁室内设计

没去美国前,总想着美国很先进,地铁一定比上海的好。到了美国才知道,地铁不像航天飞机,越先进的国家越新款。地铁是越晚建的越新。所以,美国的地铁大多比上海的陈旧(见图 3-19)。即使 2019 年,纽约地铁还是依然陈旧(见图 3-20)。虽然美国不是全球最早有地铁的国家(最老的地铁是伦敦地铁),但是,它的地铁有不少都是爷爷辈的。纽约地铁已经 100 多岁了,芝加哥地铁也有 50 岁以上。2019 年,通过在美的留学生了解到,纽约地铁的室内环境与 2005 年没有太大差别,虽然纽约地铁一直在修,但是当地人决定即使翻

图 3-19 著名的华尔街站,车站也很破旧

修也选择用接近原始的地铁装修材料。只有一些新的车厢,会在原来的基础上,适当地用一些新的材料(见图 3-21)。

图 3-20　2019 年的纽约地铁依然陈旧
(图片来源:周韵晟,2019 年,纽约)

图 3-21　2019 年的纽约地铁车厢

　　走在芝加哥的街上,地面上时不时出现盖着金属网的坑罩,有时能听到清晰的轰鸣声,甚至喷出热气,那就是地铁的通气口。据说,纽约的曼哈顿地铁也是埋得很浅,通气孔口同样也常有鸣声惊人。后来,到了纽约,下到地铁车站内部,看到著名的纽约地铁,居然是个古老破旧、结构毕露、筋骨错综的地下世界。车厢里很古朴,皮革的座椅和磨损的扶手在发黄的车壁的背景前吱吱咯咯。特别是纽约地铁站台,居然没有空调,夏天闷热难当,经常看到西装笔挺的绅士站在站台上挥汗如雨。很难想象,居住在世界上最繁华地区的纽约人居然得忍受没有空调的地铁!(2019 年,纽约地铁车厢和部分新建站台已经有空调,但大多数站台依旧没有。)

可是,美国地铁里的服务一点不陈旧。各个站都配着自动售票机(见图 3-22)、检票机,大家也习惯了和机器打交道。标识系统整齐清晰,即使是上上下下几层的地铁站,乘客还是可以按照标识出入自如。到处可以索要免费的地铁地图,上面还经常介绍附近的旅游景点。

图 3-22　售票机

不仅服务周到,纽约地铁的快捷和方便也是有名的。如果你是玩转地铁的纽约客,一趟车,即使不换乘,你也可能会穿梭于各种列车之间。原来,纽约曼哈顿地铁老的线路有四股道,分快慢车(因此分大小站)(见图 3-23)。经常可以看到有些人先坐慢车,如果快车在某个大站追上,则很快地跑到对面换车。当然这和地铁车站的合站站台规划很有关系。

纽约地铁车站虽然陈旧,但墙上经常有马赛克镶拼成的图案(见图 3-24)。这

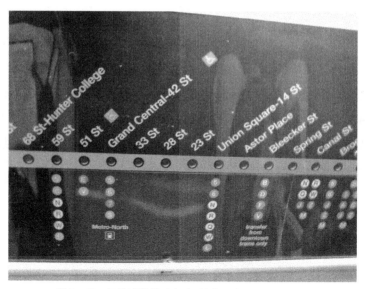

图3-23 纽约地铁线路复杂,快车慢车同站转换很多

些装饰风格统一的车站装潢,代表了纽约地铁建造期对文化的表达。一般来说,每个车站的图案和附近的地域特征有关。特别在唐人街的那一站,马赛克还拼出中文来,非常符合该站的特色。

图3-24 纽约地铁马赛克装饰特点显著

比起纽约、芝加哥这类大城市来说，作为首都的华盛顿，它的地面建筑是让人惊异的——稳重而略显平淡。但是，第一次下到华盛顿的地下，我大吃了一惊：这简直就是一个太空宇航站！如图3-25所示，巨大的桶状空间横卧在地下，脱离了平常四四方方的顶面和墙壁，界面融为一体，成为一个巨型机器感的恢宏空间。桶壁上整整齐齐的凹陷方板，是素水泥模压出来的肌理。平台上黑色柱状信息栏上文字清晰，指示明确。所有的造型都是以几何形出现，有着浑厚圆润的倒角，体现出混凝土的材质魅力。呼啸而来的列车仿佛把乘客带往另一个星球。

图3-25　华盛顿地铁的恢宏空间

去过洛杉矶地铁的朋友回来告诉我，如果要看现代风格的美国地铁，应该去洛杉矶。据说，虽然短短一段（洛杉矶和旧金山都是加利福尼亚州的大城市，人人靠车过日子，很少人乘地铁，所以不发达），却很现代、很新。据说地下空间十分恢宏，空间的高度可以和俄罗斯地铁媲美。而俄罗斯地铁堪称"地下皇宫"。

总的感觉，美国地铁的广告并不如上海的多（见图3-26）。在上海的地铁车站里，站台和隧道壁面上一般是大型广告的天下，就连柱子上、栏杆上、走廊墙面上比比皆是。车厢里,车壁面、窗楣、门挡、玻璃门、电子屏幕等地方,只要你一睁眼,一定会有地铁广告(2019年的上海地铁广告数量有一定的减少)。本来想,美国这么一个高度商业化的国家,一定到处是广告。后来发现,不仅地上街面上广告不多,到了地铁室内,也不多(2019年,纽约地铁广告还是比较少的)。在芝加哥的车站,墙面上和对面隧道里有稀疏的几张小尺寸广告。到了华盛顿,在宏大的桶状通道里几乎看不到广告的影子。广告太多的地铁是商业性的窒息空间,让城市人在行走时还被赚钱的念头压榨、追杀。

图3-26　旧金山地铁站没有很多广告

　　2004年10月27日,是纽约地铁运营100周年纪念日。对于这个每日运送450万人次的"老人"来说,纽约地铁可谓是老当益壮。想想纽约地铁如果是女性的话,打扮再年轻也是个老太太。可是,爱俏的纽约客为了庆祝这个纪念日,居然效仿28年前的"地铁小姐"竞选,推出了29岁的演员卡罗琳·桑切斯·伯纳特。从1941年到1976年,这个竞选曾经持续了30多年。回想当年,每一届"地铁小姐"都是风华正茂的美丽面容,如今的俏脸和古老的纽约地铁放在一起时,让人更觉得意味深长。此次活动中,人们将卡罗琳·桑切斯·伯纳特的照片和前任"地铁小姐"的放在一起,贴在地铁里。纽约市政交通局长彼得・卡里库说:"将前任'地铁小姐'的照片也贴出来,是为了表现纽约人对地铁的热爱。"[1]

提到地铁文化,也一定要提一提著名的纽约地铁涂鸦(Graffiti)。现在在纽约地铁室内已经不怎么看得到涂鸦画了(见图3-27)。但是在一些冷僻的角落和少人行走的破败之处,还能看到局部的涂鸦小作。实际上,在那个涂鸦盛行的时期,纽约地铁被涂鸦艺术家看中,成为涂鸦者钟爱的舞台。那时的居民一大早去乘地铁,会发现昨天还好好的地铁,一夜之间变成了一个流动涂鸦画展,涂鸦中那些气泡字体非常动感。这是当时最负盛名的涂鸦艺术家的风格作品。继此之后,三维字母、列车动画(一种系列画,地铁开起来时,画中的人物就会活动起来)等各种风格的尝试都在地铁上展现过。[2]作为嘻哈(Hip-Hop)文化的一种,涂鸦是一种在任何地方都能表达自己的即兴艺术。

图3-27 纽约地铁现在已经不太看到涂鸦了

分析

破旧的地铁环境,会关系到使用者的环境评价需求链:生理需求、卫生需求、审美需求、健康需求,会影响使用者对地铁的印象,乃至对城市的印象。比如,纽约夏天闷热的地铁就一定会给使用者留下负面印象。街上的地铁通气口,也可以作为一个可识别的标记,甚至有时能满足"找车站"环节的定位需求(信息)和认知需求。高效合理的纽约地铁站台规划,实现了使用者的快速性需求。

纽约地铁室内装饰代表建造时的文化,在满足使用者的审美需求时,注入了历史文化,提升了地铁的城市文化水平。通过具有车站周边特征的装饰,很好地增加了使用者的认知度,也能潜移默化地把导向性信息传达出来,自然地介绍了城市文化,还可能促进城市旅游,使地铁周围形成商圈。

华盛顿地铁车站室内富有特色,这种特征明显的地铁会更让使用者印象深刻,可以满足使用者的审美需求。

洛杉矶地铁室内的大空间用地铁的环境设计表达了城市的特征。比如大城市就表现大气恢宏,小城市就表现轻巧委婉。

美国地铁室内的广告并不那么多,这是一种商业信息量适中的表现。这告诉我们,对于商业信息,并不是越多越好,过度的商业信息会造成视觉疲劳,甚至遭人厌烦。

纽约地铁为庆祝运营100周年举办"地铁小姐"竞选活动,表现了纽约人对地铁的热爱,也传播了地铁文化。纽约地铁的涂鸦也作为一种独特艺术,让纽约地铁广为人知。

法国地铁室内设计

作为这座古董城市的古董级交通工具,巴黎地铁与巴黎一起演绎着城市的文化。卢浮宫下面的车站陈列着卢浮宫馆藏的复制品,无论是偶遇的游客还是匆匆的市民都能感受到历史的沉淀。巴士底车站则在站台墙上描绘了法国大革命的壮烈场景。每当隆隆的机车声响起,就仿佛把人们带回到当年的枪炮硝烟中(见图3 - 28)。虽然巴黎地铁被誉为"地下宫殿",但它并不像莫斯科地铁那般辉煌,不少车站保持着当年建造时的样子,陈旧和窄小的地下空间有着与纽约地铁一样怀旧的情景,隧道壁上布满涂鸦之作,有着无数费解的符号和形象(见图3 - 29)。更多的车站朴实无华,并不宽大的空间里,无装饰的墙面映衬着一张张形单影只的凳子,还没有空调。

图 3-28 巴士底地铁站：一幅反映法国大革命的壁画
（图片来源：国际在线，2006-07-17）

图 3-29 国家一级古迹：阿贝斯地铁站的一个换乘通道壁画
（图片来源：国际在线，2006-07-17）

一些老站的出入口非常简单，仿佛就是地上开了一个洞，拿一圈栏杆围住。你一脚踏入洞口，开始"地下宫殿"之旅。有些入口虽有些装饰，但大多是铸铁栏杆或者雕花,还是能领略到当年的新艺术风格(见图3-30)。

图3-30　地铁入口:带有新艺术风格的铸铁铁艺
(图片来源:http://www.paris.org/,2006-07-17)

但是,如果你去过市中心的夏特莱(Chatelet)车站,你就会看到一座庞大的现代地宫。整个地下是一个反扣下来的商业建筑,上面的几层是熙熙攘攘的商铺店家,下面就是连接多条线路的地下交通枢纽。像这样的装修,大多见于那些地铁新站。

无论是古董级车站,还是新潮的现代车站,到处都可以看到巨幅广告(见图3-31),内容各异,但都很有创意,且更换频率颇高。老车站是窄窄的拱形空间,中间跑地铁,两侧行乘客。墙上的广告美女因此被弧形的墙壁弯转,个个像要扑身上来似的,加上站台较窄,广告太近太大,实在看得眼晕。不过,还好对面的拱壁也不远,所以乘客一般乐于欣赏对面广告中的绅士低头哈腰。和其他地铁相比起来,巴黎的地铁中,现代的多媒体技术应用较少,这可能是所有老地铁的共性。

地铁本身就是个人生舞台。巴黎地铁不仅有各种商店,还有形形色色的街头艺人和乞丐,也是这里多彩的风景主角。其中,不乏真正的艺术家,无非是在地下

图 3-31　Sèvres-Babylone 车站站台：拱形的空间和巨型广告
（图片来源：http://metrorama.free.fr/）

上班而已。即使是乞丐,往往是演说完苦大仇深的血泪史然后开始乞讨,但从不纠缠,始终保持着自己的尊严。

<u>分析</u>

地铁的文化性是非常重要的,它可以帮助传播城市文化,并丰富乘客的城市生活。巴黎地铁的车站保留了建造时的文化风格,它将地铁文化与城市历史联系起来。其中那些新艺术风格的入口将车站出入口的美观与标识性、文化性很好地结合起来。

虽然举世闻名,但是巴黎地铁并不豪华,它的功能并没有因为历史久远而不易使用。可能让人们抱怨的主要功能问题是没有空调。我们可以看到虽然舒适性不是使用者的必需,但是可以很大程度上影响使用者的感受。

巴黎地铁是与商业结合的典范之一,它帮助了繁忙的巴黎人利用时间在地铁购物(购物需求),为了推动商业,地铁站里的广告也强劲地渲染着这种商业氛围。

通过合理地对艺人和乞丐加以管理,还形成了巴黎地铁的独特地铁文化,甚至为地铁增色添彩。

加拿大地铁室内设计

蒙特利尔的冬季漫长寒冷,人们踩着积雪踏入地铁,雪化成水,使地面一片狼藉。所以蒙特利尔地铁的色调灰暗浑浊,材质朴素粗糙(见图 3-32)。无论是混凝土的粗犷肌理,还是陶砖的暗淡质感,都表达了人们在寒冷冬季对温暖的向往。就像光滑的金属表面与冰冷息息相关一样,温暖感来自粗糙和质朴的材质。可以想象,就像多年前初建地铁时人们不曾感受到它的崭新一样,而今,在那些有着积雪融化后的肮脏背景的车站中,人们也不会觉得它陈旧。它永远是那样素着面看人来人往,姿态是经久而温和。这时候,会让人想起上海的1号线,许许多多浅色的站台,用了没几年就开始显出残旧的黄渍,在昏白的灯光中,仿佛洗久了开始褪色的衣衫。

图 3 - 32　Saint-michel 车站:红砖和素混凝土板的质感让人感觉温暖
(图片来源:http://www.metrodemontreal.com/,2006 - 07 - 17)

蒙特利尔地铁也有自己的装饰。比如一些车站陈列着出土的文物,它们散发出悠然的气息,无论掩面在沉睡了百年的泥土中,还是展示在冷光照射的橱窗里。这些附近出土的物什,不断地唤起乘客对当地历史和文化的遐想,也与地下的环境非常融合。车站还有着一些抽象的现代艺术,有着简洁而凝练的形态(见图 3 - 33)。人们在过去和未来中穿梭往来,感受蒙特利尔的独特心情。

为了在漫长的冬季体贴使用者,蒙特利尔地铁的设计非常实用。在人口密集的中心城区下面,让地铁和许多高楼大厦地下的室内楼层连通起来形成"地下城

图 3‑33　Snowdon 车站：隧道壁面有着四季主题的绘画，这幅是"冬季"
（图片来源：http://www.metrodemontreal.com/，2006‑07‑17）

区"。人们出站后，无需上到地面，通过地下走道就能到达许多主要建筑的地下层。地铁的不少出入口干脆就建在建筑内部。到了冬天，白领们更是可以穿着衬衫，行走在城市中，却一直感受到温暖。

　　这些让我想起多伦多的地铁及其车站（见图 3‑34）。大概因为同是加拿大的

图 3‑34　多伦多地铁车站

图 3 - 35 Berri-UQAM 车站：地下有着多层空间，人来人往

（图片来源：http://www.metrodemontreal.com/, 2006 - 07 - 17）

城市地铁，它把地铁与主要商业建筑的地下层相连接，感觉就是整个地下都被挖空。由于到处是商店（大多都是名品店呢！），走在地下就像走在一个地上的 Shopping Mall（大型购物中心）里面一样（见图 3 - 35）。在冬季，人们也不出地面，主要的商业区域都可以通过这座四通八达的地下城市到达。因为深入厚厚的地下，地下室内的保暖性能比室外的建筑还好，往往暖气足到人们喊热。当时印象很深的另一件事是，因为特别注意了地下标识指示（见图 3 - 36），觉得并不十分好用，常常找不到北。后来有当地人这么说："据说多伦多地下的指示系统是故意设计得比较混淆，因为商家希望人们在地下多转几圈，多一点商机呢。"

图 3 - 36 Berri-UQAM 车站：各种标识指示牌

（图片来源：http://www.metrodemontreal.com/, 2006 - 07 - 17）

分析

蒙特利尔地铁室内装饰充满了温暖感(舒适性需求),利用地下的保暖性高,入口经常设在建筑内部,可以节能,并合理地利用当地材料,解决了冬季雪水污垢的问题,充分考虑地域的特点,因地制宜设计(审美需求)。其展出不少本地出的物品作为装饰,传播了本地文化。特别是那些出自本地地下的趣物,更增加观赏者的乐趣(宣传需求、审美需求)。在表达文化时,蒙特利尔地铁的设计提倡实用为先,这是每个地铁设计者应该时刻牢记的。它巧妙地利用其他建筑的出入口和地下部分,既体贴了使用者进出(舒适性需求),也顺理成章地体现商业化(购物需求)。

俄罗斯地铁室内设计

莫斯科地铁是世界上特别大的地下铁路系统之一。俄罗斯是世界上较早建设地铁的国家之一。这座同样有着和巴黎地铁一样头衔的"地下宫殿",以其宏大的建筑规模和精美的地铁艺术闻名于世(见图3-37、图3-38)。

图3-37 莫斯科地铁1
(图片来源:李亦中,2019年,莫斯科)

图3-38 莫斯科地铁2
(图片来源:李亦中,2019年,莫斯科)

莫斯科地铁整个地铁系统有100多个车站,每个车站都独具风格。其地铁文化璀璨,且非常突出民族特色。当年,杰出的俄罗斯建筑师、雕刻家将地铁站建得如大教堂一般宏伟。许多车站以不同的历史事件或人物为主题,用从苏联四地运来的各色大理石、花岗石、陶瓷和彩色玻璃镶嵌出各种浮雕和壁画装饰,在金碧辉煌的巨大灯具的照耀下,富丽堂皇,美不胜收。比如,最受欢迎的马雅可夫斯卡娅站,步入车站,抬头就被天花板上的巨幅马赛克壁画吸引:蔚蓝的天空下,伞兵战士的降落伞犹如空中的一朵朵白云。整个大厅开阔典雅,大理石廊为空间营造出传统而庄重的气氛。

分析

莫斯科地铁室内文化璀璨,且非常突出民族特色,恰好验证那句话"最好的文化是民族的文化,最好的艺术是本土艺术。"

瑞典地铁室内设计

瑞典首都斯德哥尔摩的地铁被称为世界上最长的美术馆,全长 108 公里。地下部分造型风格保持了最原始的岩洞感,让人真切地感受到是在地下。其地铁艺术集中在红线和蓝线上,密度很大。各种艺术元素取自文化,比如蓝线 T-centralen,巨大洞穴顶上绘制的许多蓝线的蓝色藤蔓,构思来自教堂壁画(见图 3 - 39);

图 3 - 39 斯德哥尔摩地铁—蓝线 T-centralen
(图片来源:肖又歌,2019 年,斯德哥尔摩)

红线上的一站以彩虹作为主题(见图3-40);另一个蓝线的车站 Näckrosen 洞穴顶棚上绘满了睡莲,这一站上方有个以睡莲命名的公园。

图3-40 斯德哥尔摩地铁—红线—彩虹主题
(图片来源:肖又歌,2019年,斯德哥尔摩)

图3-41 斯德哥尔摩地铁—站台
(图片来源:肖又歌,2019年,斯德哥尔摩)

分析

斯德哥尔摩地铁室内文化结合当地文化,将地下世界打造成富有各种诗意的空间,人行其间,犹如行进在一个巨大的艺术作品中,使得日常平淡的生活,带有种种不可思议的期待。

注释:

[1] 李蓉. 美国纽约地铁迎来百年"地铁小姐"来助兴[EB/OL]. (2004 - 10 - 27)[2019 - 05 - 21]. http://news. 163. com/41027/4/13N3UMDU0001121S. html.

[2] 涂鸦. 百度百科[EB/OL]. (2007 - 11 - 18)[2019 - 06 - 28]. http://baike. baidu. com/view/683. htm.

第三节　全球地铁体验设计案例与分析

全球地铁的体验设计

2007 年 5 月 20 日,同济大学百年校庆,笔者回到母校,却找不到昔日菁菁的校园。学校的变化很大,新建筑争奇斗艳,让我们这些校友找不到怀旧的感觉。站在老雕塑下默然,看到旁边校庆纪念品摊位上的一个纸模型。居然是原来旧址的那几个主要建筑的纸模型。马上掏钱买了几套,虽然价格实在不值,但是感觉把以前的记忆叠成了一刀纸,可以带回家,在身边重建一个旧日王国,随时可以端详。摊主说:"你算运气的,刚才都断了货,这才拿来的,一会儿就没了。"笔者心里想着:"你才运气呢,如果不是校友和校庆,谁会来买你这个价格不菲,制作平平的纸模型呢。"因为他不懂得,笔者花钱不是为了买下模型,而是为了保存旧时的记忆,为了唤起昔日的体验。

这种消费体验背后的深刻经济内涵,在《体验经济》一书中有深刻的阐述。

1998 年美国战略地平线 LLP 公司的 B. 约瑟夫·派恩(B. Joseph Pine Ⅱ)和詹姆斯·H. 吉尔摩(James H. Gilmore)在《哈佛商业评论》(*Harvard Business Review*)中发表了《欢迎进入体验经济》(*Welcome to the Experience Economy*)一文

以及于 1999 年在哈佛商学院出版社出版了两人合著的《体验经济》(*The Experience Economy*)一书,革命性地提出了"体验经济"的概念,并断言这是继服务经济发展之后的崭新时代。

互联网是这个时代变革的根源之一。数字化生存模式给人类提供了更低费用、更丰富体验的 e 时代。而那些在网上长大的新新人类,他们的生活将不再像父辈那样物质化,网络甚至可以替代物质世界的相当部分。然而,作为另一种消费——体验,它的美好、难得、非我莫属、不可复制、不可转让、转瞬即逝,使它在每一瞬间都是"唯一"。这些,是物质世界所无法比拟的。

但是体验设计并不一定都是超越时代的优秀革新。如果它走了后现代设计后期的老路:一味地猎奇、追求新艳,那么这样的体验也很快会被人们抛在脑后,只不过是昙花一现。比如,苹果公司 20 世纪 90 年代生产的第一款 PDA 手机,叫牛顿,非常失败。原因在哪?因为当时大部分人并没有 PDA 的需求,所以大家对这个新奇的玩意儿,并没有更多关注。所以基于人种志的体验设计强调立足于市场,立足于对使用者的实地了解和调研,这样才能生产出真正有生命力的体验设计。

很多人提到体验设计,就以为它讲的是网站设计。事实上,体验无处不存在。在工业设计领域,基于人种志的体验设计给使用者带来更好的生活方式;在室内设计领域,基于人种志的体验设计使得人们能感受不同文化甚至亲身经历(比如娱乐城);在旅游设计领域,基于人种志的体验设计让人们在寻找原始、自然、惊奇、美妙、梦幻时大把掏钱;在游戏设计领域,基于人种志的体验设计更是直接把另一种人生加载在你的世界,特别是网络游戏,亦真亦假,那些真实存在而又不必认识的对手和朋友使游戏和真实已经无法分辨。

基于人种志的体验设计既可以创造新的市场、新的商机,也能够附加在原来的产品上,赋予它们新的生命力。

实战操作—全球地铁体验设计案例分析

中国地铁体验设计

- 电梯

以中国香港地区为例,香港的快节奏是远近闻名的,乘坐香港地铁就能有所体会。脚一踏上自动扶梯,马上就能感到香港的节奏:自动扶梯运行得比上海的快了很多。香港地铁的港岛线有一站叫"炮台山",因为站台很深,一条长长的扶梯直通到底,让我想起在华盛顿曾走过的一条长自动扶梯,又长又慢,给人永无尽头的感觉。而在香港乘同样的长扶梯,大概就和乘上海普通的地铁电梯的时间相仿(见图3-42)。

图3-42　香港炮台山站的自动扶梯很深,不见尽端

香港的自动扶梯快,可是香港人更快,时常能看到在扶梯上快走的香港人,大家都自觉让出左道给快行者。上下班的时候,有时更是整个扶梯的人一起往前走,但很少看到拥挤的情况。

分析

制定自动扶梯的运行速度貌似是个技术问题,事实上,它更是个基于人种志的体验设计的问题。到底应该多快或者多慢?一般电梯的常见速度,如果放在了冗长的地下电梯上,人们会感到它太慢。这不是人们对电梯的感觉产生了错误,而是因为使用者对用在电梯上的时间有个预期范围,一旦超出就会感到不耐烦,从而产生"这个电梯怎么这么慢"的念头。

在香港地铁里乘自动扶梯，大家都会让出左道。这点从表面上看是香港地铁使用者的"尊重需求"的体现，可是再细想下去会发现其中还有由此而导致的让大多数人能更快捷方便地使用地铁，也满足了使用者群体的"快速性需求"，因此我们看到良好的社会风尚是对功能实现的软件保证，这是硬件无法解决的问题。这个体验使得人们对香港的城市文明留下了很好的印象。

上海地铁曾经有一段时间实施过"左行右立"的政策。市民在一段时间后习惯了这样的规定，也能够很好的遵守。但是后来又出台了"自动扶梯禁止行走"政策，算是终止了"左行右立"。关于这个措施，全球也有不同的做法，比如有些日本地铁扶梯就禁止行走（见图3-43）。各国文化，各国国情，各国设施的情况都存在着差异。这个案例可以让我们了解用户体验设计与政策的互相影响。

图3-43　2019年的日本地铁扶梯

● 换乘

地铁建设是一件复杂的工程，需要与城市规划密切相关。以换乘为例，上海地铁受到规划、已有建筑等种种限制，大多数换乘站的换乘并不轻松。其中在"陕西南路站",乘客曾经一度需要出站,然后去地面走一段路再到另一段地铁。

但是后来建造的一些地铁就有一些出色的设计,比如杭州地铁的"火车东站"站,乘客就可以从一辆地铁上下来,走到对面换乘另一辆。实现了最短换乘的效果(见图3-44)。

图3-44 2019年的杭州最短的换乘地铁站

● 活动

香港地铁的"有礼会",将当地使用八达通的乘客牢牢拴住。它通过各种活动让会员受惠,如优先购买限量版的地铁纪念品、生日优惠、礼品派送、会员推荐奖赏和各类活动服务咨询。成为会员也很容易,可以从网上和设在地铁的"e分钟着数"机登记。"e分钟着数"机也可用于查阅积分和换领奖赏等。

<u>分析</u>

香港地铁的"有礼会",这种花样本是商家的招数,用在地铁上居然也效果不错,如果它能形成社团氛围,将最终造就香港地铁独特的文化。会员制,某种程度上与宗教和社团的基本原理是一致的,它们都是基于某一群怀有相同的信仰、观念、看法、爱好等的人建立某种共同的仪式,一起做某些共同的事情,分享相关的经

历或想法等。它的核心还是文化体验。

这个案例可以让我们了解用户体验设计与商业的结合空间。

美国地铁体验设计

● 法规

除了无视地铁禁食的现象,其他与遵守法规的情况还有不少。

仔细查看地铁标识,能发现各类警告还真不少。比如"除非紧急情况,请勿打开车门,穿越车厢",这是贴在芝加哥地铁车厢间的车门旁的警示语。可是,很多次笔者看到有人拉开车门走来走去。一直想象着那人站在两节车厢间,随着地铁飞速穿越巨大而阴暗的隧道,身体一摇一摆,仿佛片刻的闪失就会沦为铁轨下的冤魂。后来发现上海的地铁中也有这种分节车厢,却从未见过勇士胆敢穿越。

分析

在芝加哥地铁,那些违反禁止穿越车厢的规定的使用者表现了移动的需求。既然使用者有这种需求,就应该在合理的范围内找到设计方案去解决。体验危险和刺激是人的天性,就像为什么许多人都喜欢玩过山车一样。美国地铁禁止喧哗,这样可以增加地铁的"舒适性",但是人们有时要利用地铁展示自己(有时甚至是为了营利),或者素质差的乘客会大声喧哗,虽然能满足他们自身的需求,但对周围人造成了影响,应该加以适当的引导。虽然地铁里的使用者对安静的要求不同,但是总的来说,公共场合还是越安静越让大家觉得舒适。在美国,并不只有残疾人需要升降电梯,许多身体健壮的普通使用者拿着行李时也需要满足他们的舒适性需求。这样的地铁才使人感到方便。

● 礼仪

美国人平日里讲话讲究礼仪,公共场合注意轻声细语,地铁里更张贴有禁止喧哗的标识。但是,比起日本地铁和香港地铁,美国人似乎更随意自在一些。因此,无论车厢还是车站都能看到大声讲话的人们。有一次,车进站,听到外面乐声高扬。门打开后,才发现站台上一个女子弹着吉他在唱歌,音乐震耳欲聋(见图3-45)。

上海地铁一些站点的残疾人升降设施使用比较麻烦,需要工作人员的辅助。美国的升降电梯敞开供应,有些站没有残疾人电梯,也会在地图上标出来。其实,这些

图 3-45　唱歌的艺人

电梯不仅让残疾人用,如果你有行李物品也可以乘坐。而且经常看到有人两手空空也照样乘坐,乘的人多了,就难免会脏乱差。芝加哥的地铁电梯,有时候会臭气熏天。

其实,美国人不像国内想得那么人人素质高。就拿行人闯红灯这件事来说,国内的说法是,美国人不闯红灯,华人去了会自觉遵守。可笔者在美国走过的大小城市不下十座,一直注意观察这个问题,只在萨克拉门托(Sacramento,加利福尼亚首府,是个小城市)看到大家老老实实等绿灯,其他所有的城市都有人闯的,越是大城市(如芝加哥、纽约),闯的人越多。

讲到礼仪,有一点补充,美国人的私人空间还是比中国人的大,这也是地铁上车时很少看到乘客一窝蜂去挤的一个原因(见图 3-46)。轻微和无意碰撞一般也要打招呼致歉,所以人多时经常听到两个人同时说"Sorry"。另外,在美国地铁上,抢座位的事情是看不到的。看到空座位时大部分人会先观察一下有没有人同时想去坐,确定后再坐下。还看到过有白发苍苍的老先生,站在那里和女士闲聊,放着旁边的空位置就是不去坐。大概是要保持良好的 eye contact(目光接触——是美国人对话的一种礼貌,对话双方一般以保持注视对方眼睛表示对对方的尊重)

图 3-46　地铁里的纽约乘客

分析

美国使用者比较注重尊重需求,人们更容易体验被尊重和获得愉悦。虽然美国人也讲求效率,乘地铁对快速性有着很高的追求(从纽约地铁慢车换快车的现象可见一斑),但是抢座位的情况比较少发生,对于其他国家的旅游者来说,是一种文化体验。良好的礼仪是增进人们交往的促进因素。当人与人之间和善相处时,交往会增多,地铁会更安全,是安全体验。

- 文化体验

作为美国市民文化的一种,乞讨表演让美国地铁世界多姿多彩,而且,在美国许多乞讨是要持证上岗的。地铁空间封闭,有助于乐声洪亮悦耳,加上人流如潮,是个演艺的好舞台。纽约地铁卖艺,和上海乞丐唱歌不可同日而语。纽约的地铁,可以算是荟萃了各路地下表演精英。在地铁里,不乏高手,常常可以看到专业级的表演,吹、拉、弹、唱,各有各的高招。据说《纽约时报》曾报道有一位中国原中央乐团第一小提琴手,在纽约地铁演奏,水平之高令一位乞丐动容,居然拿出讨来的钱表示敬意。那位乐人大为感动,一曲终了,把所有的钱都给了乞丐,传为美谈。除了音乐表演,许多另类的个人演艺也丰富着纽约的地铁生活(见图3-47)。有时候,你会看到一个银色雕塑伫立站台,做得精致,可与真人媲美。慢着! 走近看看,这就是一个真人,只不过全身喷满银漆。你如果给他些零钱,还可以和他合影,没准他还会给你即兴表演一番,或干脆逗乐你一下!

图3-47　地铁艺人们

分析

美国地铁的乞讨表演俨然已经是一种商业性的自我展示,如果组织得好也能成为吸引使用者的好方法,要知道这是其他任何交通工具不可能有的文化体验。

- 网络

2005年,笔者揣着刚买好的手机到了华盛顿,当地人告诉笔者:"下到地铁,记得关机。不然会很耗电。"原来华盛顿地铁里没信号,手机一直在寻找网络,当然就耗电了。记得当时很是惊讶,科技如此先进的美国,居然首都的地铁不通手机网络! 后来才发现,不只是华盛顿,像纽约、芝加哥这些大城市的地铁都不能用手机。这对于笔者这个早已习惯了走到哪里都逃不出网络魔爪的中国城市人来说,真是觉得不可思议。坐在地铁里,听不到手机的铃声,是何等的幸福啊!

2019年的纽约地铁已经通了网络,在站台上信号比较好,经过隧道时会中断,而且不同的运营商情况会不同。

分析

华盛顿地铁里没信号告诉我们,像美国这样的通信大国的人民都可以常年忍受地铁没有手机通信,我们有什么不可以? 不过,通过询问当地的居民,对于大多数久居城市生活的人,要么觉得很不方便,要么觉得享受清静是特别的体验。

日本地铁体验设计

● 网络

东京以生活节奏快而闻名全球。如今,东京人几乎可以把办公桌移到地铁里去了。东京地铁公司和NTT Docomo公司联合推出东京地下铁建筑内的无线LAN高速上网通信服务,乘客可以在地铁月台、中央广场的任何地方上网办公,可以通过无线局域网服务"Mzone"上网浏览或收发电子邮件。在一些站的休息室、检票厅等处也有类似服务。

分析

日本地铁为使用者提供上网服务,这样可以满足使用者的工作学习需求、通信需求、休闲娱乐需求等,体现了日本地铁使用者需要在地铁上利用时间的需求。日本地铁之所以已经能够将上网这一服务体验搬到地铁上,说明日本的使用者的确已经有了这类需求。

● 安静

日本地铁不像中国地铁那样人声鼎沸。在日本地铁里,直视陌生人或交谈都被视为极不礼貌。就连小孩都不乱跑,不讲话。虽然地铁里有手机信号,但大家都自觉地调成震动挡,必要时发个消息完事。虽然车上很挤,但到处都是西装革履的人们,表情冷漠,不言不语。因为地铁有点年份了,车厢里衬着的无非是旧旧的发黄色调,加上乘客从衣着到神情的沉闷,气氛有点压抑。

2006年的日本地铁里最常见的行为是睡觉和阅读。

车内寂静无聊,于是乘地铁便成了上班族打盹的好时光。日本上班族特别练就一身好功夫,上车就睡,睡得东倒西歪,倒在别人肩上尤不自知。但是车站一到,马上跳起来下车,也不误站。更有甚者,无论什么姿势都能入睡,靠着、倚着、拉着、吊着……

车厢里,既然不能讲话,又不便看人,于是不想睡觉的人大体只有阅读了。在地铁上看一种叫口袋书的读物是日本地铁一大特色。人们以各种姿势阅读,最叫绝的要算站着读书的青年人,站在摇摆的车厢里,根本不用拉吊环,从上车,到下车,边移动边阅读,无间断作业。说到阅读族,一定要赞叹一下日本的出版商。他们出版的口袋书,不仅仅是一些流行的时尚文章,从文库套本到深奥的学术著作,它的内容广泛,价格便宜,轻巧便携。

关于看书,观察者 2013 年在日本旅游时,惊奇地看到大部分日本人还用着翻盖手机,但每节车厢都能看到三五看书的人。到了 2015 年后,随着 iPhone6 的推出。日本传统品牌势弱,车上的年轻人基本就是看手机了,有的刷网购,有的打游戏,有的用社交软件聊天,偶尔看书的一般都是年纪大的。2019 年的神奈川的相模铁道(见图 3-48)中,一个人看书,两个人睡觉,三个人玩手机,车厢里依旧安安静静。

图 3-48 2019 年的神奈川的相模铁道(轨道交通)
(图片来源:李力耘,2019 年,日本)

● 服务

除了便利的手机乘车以外,日本还提供购票机器。值得提及的是日本的用户体验意识。一个小小的购票机器,能很好地体现其设计的周到。东京的丸之内线购票机上方大大的地图,供排队的人预先查看,这样可以解除排队的乏味,也可以事先找好线路,节省购票的时间(见图3-49)。

图3-49 购票机上方大大的地图,供排队的人预先查看
(图片来源:李力耘,2019年,日本)

分析

日本地铁里独特的安静环境,是尊重他人的一种表现,属于尊重需求,这是一种很好的体验,几位去过日本的朋友都提到在日本公共场合的这种安静的体验,是一种非常独特的文化体验。但是,日本地铁里的气氛很压抑,与日本城市紧张的生活节奏有关,也和日本的民族精神有关,可能对相对比较随性的中国人来说,这种感觉会更强烈。

在地铁里睡觉,体现了使用者的舒适性需求,也是地铁使用者利用时间的一种方式。在地铁里阅读,则体现了使用者的工作学习需求和休闲娱乐需求。

- 表演

日本地铁中也会有一些行为举止怪异的人。日本社会,生活节奏快,工作压力大,出现了各种各样的怪人。虽然大多时车厢安静,有时也会遇上有人高声演讲,或就地献艺,但对于这些人,其他的乘客都不予理睬,该干吗干吗,任其慷慨激昂。

分析

在地铁里看"怪人"的表演,是使用者自我展示需求的表现。不过,演者和观者各行其道,各得其所,各自体验。

- 精确

精准的日本地铁就像事事认真的日本国民。地铁永远按照时刻表行驶,十分准时,不提前,更不延后。日本的上班族为了节省时间,常常算好时间,掐好表,一分一秒地安排行程。只要按照时刻表,地铁一定不会让你失望。你来早了就得等,你来晚了,哪怕一秒钟,地铁也会扬长而去,难怪会被外国人论作"没有人情味"的地铁。因为地铁到站精准,搭乘地铁的乘客在自动扶梯上看看时间不对了,就会奔跑起来。所以,日本地铁站的自动扶梯,虽然只容得下两个人,但人们站立的话就靠左侧,留出右侧供人奔跑。随时可见为了赶时间的奔跑者。许多到日本留学的中国学生,刚开始按照国内的习惯,怕迟到就提前许多时间到地铁站,后来发现了日本地铁的特点后,也学着算时间,跑扶梯,成为精准一族。

有位在日本留学的同事讲过这么一段经历:2004 年,他和夫人乘坐日本地铁,当时只顾着拍照,下车时将背包遗忘在车座上。出了站才发现,回来着急地找工作人员。最后,他们根据照片记录的时间,推算出几点离站,就这么一点线索就可以精确地找到乘坐的列车号。果然,等到那列车开回来的时候,他的包还在座位上。日本地铁准时得实在可爱!

分析

在日本地铁里能按照时刻表乘车,是日本地铁为使用者提供的定位信息,并满足了使用者快速性需求。这个体验非同小可,人们在惊讶之余感叹日本的技术高超和制度执行力强。

还有,人们乘地铁都很遵守规则,这样使得大家出行更有效率。这反映了使用者的快速性需求,体现了文明的社会秩序。

韩国地铁体验设计

● 秩序

看韩剧的人都知道韩国人在生活中一直保持着传统,长幼有序,尊老敬长,十分遵守团体秩序。

和上海地铁一样,首尔地铁在上下班时段同样人潮汹涌,不一样的是看不到许多工作人员,更没有维持秩序的吆喝声。再挤,人们到了上车口,会自觉按照箭头排成两队,中间空出来的通道是下车人走的。

在列车每节车厢前后门上车的地方,有一个挂拐杖的老人标识,老人可以在那里排队上车,这样一上车就可以找到老人专座。这些老人专座,很少看到有年轻人坐着,倒是有时候会看到老人专座空着,旁边站着几个年轻人。另外,很多地铁站会有一些可以刷卡进去的电梯(也就是专门为老年人或行动不便的人提供的可单独刷卡进站的系统),需要的乘客下地铁可以马上刷卡,之后直接坐电梯上去。一般人特别是年轻人不会去使用,除非有很多行李。

独具特色的是在韩国的乘车处(等地铁的廊道)的墙上,会有几面全身镜平均分布在墙上,方便乘客上下地铁使用。

同样,地铁本身也时时给乘客送上温馨的问候,特别是在一些传统节日时,经常可以看到大幅的布制标语和暖洋洋的文字。

分析

韩国地铁里尊老敬长的现象,充分体现了韩国地铁使用者的尊重需求,让人体验到文明和韩国的文化,也给外国的旅游者留下深刻印象。

地铁里放镜子的在全球只有韩国了。韩国女性对容颜的注重也是非常有名的。

上海地铁在一些站点也有方便老人等弱势群体的照顾通道,车厢里面也有照顾座位,但是经常可以看到这些地方挤了一些年轻人,甚至老人站在身边也不给让座,还装睡了事。

● 音乐报站

乘过釜山地铁的乘客恐怕终生难忘。因为他们听到的报站声,不仅仅是柔美的人语,更多的是颇具特色的自然声音。如果是一个靠海边的站,你会听到海浪声和海鸥的鸣叫,如果车站临近山峦,你会听到山林间的百鸟啼鸣。天天乘车的熟客自然可以根据这些天籁之音判断车站,即使是旅游者也以另一种方式领略了这座滨海城市的风景。车站里面的标识系统十分醒目,韩文、英文和中文都具备。

分析

釜山地铁的特殊报站声,是韩国的体验设计中的定位信息设计,增加了对信息的认知角度,给使用者留下很好的体验,并传递地域文化,满足了宣传需求。

- 书架

釜山地铁站里还有开放式的书架,供乘客免费阅读。书籍大多是文化类的,甚至可以找到韩文版的《三国志》。书籍虽显旧黄,却绝无缺页或乱涂。当地人说,从未发生窃书的事情。这种书架,据说首尔地铁里也有,而且还有镶嵌在镜框中的古代诗人名句佳作,增添了地铁的文化氛围。

分析

韩国地铁还提供免费阅读,这是考虑使用者在地铁里也能体验工作学习和休闲娱乐的乐趣,同时达到了宣传的目的。

- 无障碍

釜山地铁对残疾乘客的照顾也是无微不至。车站各处有盲文指示。坐轮椅者能简单地把轮椅挂在电动升降挂钩上,轮椅就缓缓地被提升起来。还有售票大厅里设计有触摸式地图,盲人可以查询车站,甚至可以听到关于车站附近主要机构的简介。

分析

那些关于轮椅者的设施,充分照顾了残疾人的移动需求,满足了他们的舒适性需求。触摸式地图等这些特殊的定位信息设计,增加了盲人对信息的认知角度。这个设计体现了釜山交通设施中对社会弱势人群的重视,对于健全的人来说,不也是体验这个城市关怀每个人的一份城市文化吗?

第四节　全球地铁工业设计案例与分析

全球地铁的工业设计

1980年,国际工业设计协会联合会（International Council of Societies of Industrial Design,简称 ICSID）为工业设计下的定义为:对批量生产的工业产品,凭借训练、技术、经验及视觉感受,赋予产品以材料、结构、形态、色彩、表面加工以及装饰以新的质量和性能。

关注用户的设计最初源自工业设计。当设计进入到一个新的阶段,它从历史的摇篮中孕育而生,坚持着自己的步伐走出自己的路来。就像美国设计家普罗斯的经典名句一样:"人们总以为设计有三维:美学、技术和经济,然而更重要的是第四维:人性。"但是,同样出自工业设计,当人们一旦厌倦了过度纵欲的消费主义设计之时,就是到了反思创新设计之日。

来看看传统的关注用户思维对工业设计的看法:

(1) 使产品造型、功能、结构科学合理,并更适合于需要;

(2) 降低产品成本,增强产品竞争性,提高经济效益;

(3) 提高产品造型的艺术性,满足人们的审美需要;

(4) 促进和提高产品生产的系列化、标准化,加快大批量生产,有力提高经济效益。

这些看法本身并不是错误,但是很显然,所有的看法都是一种主动的,从自我出发的态度,也就是说,是关于设计师如何运用自己的"非凡"才能去"施予"使用者"一种美好的生活"。这种高高在上的姿态,正是导致工业设计的初衷走向"艺术化""装饰化"的极端。引入基于人种志调研的设计后,希望改变以下几方面的观念:

(1) 基于人种志调研的工业设计的目的是满足使用者的需要,因此设计的最初应回归到真实的使用者中间,研究真实的使用情况;

（2）基于人种志调研的工业设计的研究更侧重于创造新的市场，使产品利润最大化，而非在原有的市场里瓜分一寸天下；

（3）基于人种志调研的工业设计的评价体系建立在使用者的观点上，所以用户测评对于设计的发展至关重要；

（4）基于人种志调研的工业设计的设计流程是螺旋发展的，在不同阶段上，设计师都要不断地经历调研、研究原型、用户测评、发展方案等多次的轮回；

（5）基于人种志调研的工业设计是社会科学和自然科学相结合的综合成果。

基于人种志调研的工业设计对人性的释放在于深入使用者的真实生活，关注使用者在生活工作中那些未被满足的需要，并寻找恰当的方式予以解决。基于人种志调研的工业设计不是简单地迎合少数人的个性化要求，不是为了愉悦眼球而制造的一场闹剧，更不是哗众取宠的噱头，它可以为小众而设计，但是它的更大的商业驱动力在于寻找新产品和新市场，它使设计成为商业战略的核心，它的结果可能会大大超越物化的产品本身，它的最终形式可能是一件新产品，也可能是一种服务，一种生活方式，一种商业战略，甚至是一项法律或者政策。

实战操作—全球地铁工业设计案例分析

中国地铁工业设计

以中国香港为例，香港是寸土寸金之地，和纽约、芝加哥这些大城市一样，大多数人出行还是选择搭乘地铁。香港人虽然也有不少人买私家车，但在市区开自己的车不仅需要经验，更需要足够的金钱。因此，香港的地铁是城市能运转起来的主要工具，在上下班的时候就变得更加繁忙。

2006年某周一，早上8:10，九龙塘车站，人们从九广火车站涌向地铁观塘线。人潮汹涌，但都自觉地靠左行走（香港是按照英制交通规范）。车站口站着三五个发放免费报纸的阿嫂，人潮汹涌，似乎没有任何滞缓。人流在下一个站口下来，许多站口都设有报纸回收箱，干干净净的报纸被扔进去，方便他人自取再用。

在香港地铁站站台，很少看到座位，因为大多数时候，地铁的班次多，密度大，一辆车跟着一辆车，无需坐下等，车就来了，所以不设座位也无所谓。想想连乘自动扶梯都要上下奔走的香港人恐怕也没有时间坐下休息了。

如果足够细心，你会发现香港地铁的进站口闸机，有时并不分正常人和残疾人，而且旁边也多半没人管。于是一位朋友就曾调皮地做过一个试验。他想知道机器如何分辨两种人，他按照残疾人的票价买了票，进去的时候没问题，他很是得意，可是出站的时候就傻了眼。原来，虽然进站不分闸机也没人管，可是出站时，残疾人有了专门的通道，而且，还有人看着。看来，真正精明的还是香港人，既省了人力物力，又不让投机分子有可乘之机。

香港地铁的售票和检票也很自动化。进站口附近虽然有工作人员的亭子（见图 3-50），你可以咨询和索要地图，但他们并不售票（普通票不卖，但可以买 1 日游之类的特殊卡）。如果你没带零钱，又无法在自动售票机（有的机器只接受硬币）买票，你想去客务中心买票，那就错了。在一些大站，客务中心可以帮你换硬币，在小站可能连换零钱都不行。

图 3-50 香港地铁的客务中心
（图片来源：孙远蓓，2019 年，香港）

其实,大多数当地人都习惯了用机器售票,人工服务便更加萎缩。可是,机器也有机器的问题,比如,在上下班高峰时段,机器的速度就给乘客带来麻烦。还有,香港是个商业旅游城市,很多外地游客并不一定会使用机器,也不知道要带零钱才能买票,无形中,地铁阻止或限制了他们的使用。时至2019年,香港地铁还是以"八达通"地铁卡为主。

分析

在香港,不少有私家车的人们还是选择乘地铁,这是由于城市的地面交通日益紧张,地铁的不堵车、快速方便、可同时做其他事、无停车之忧等优点显现出来,所以会有人舍私车而取地铁,因此交通工具并不一定以汽车为先,公共交通工具对社会的贡献可能远胜于私车。

报纸回收箱是个很好的工业设计,只有深入了解使用者的使用情况才能做出此环保、节能、可再利用的好设计。从取免费报纸,到把看完的报纸放入回收箱,然后,他人取阅回收箱中的报纸,再利用,如此循环。在这里,设计仅仅表现为一个报纸回收箱,但是它所成就的是一系列良好的社会行为,这就是用户体验工业设计。

与上海地铁相比,香港地铁人流更大,但是聪明的设计会通过减少座位,提高班次的密度来解决问题。现在许多时候,地铁的设施设计常常是设计师凭经验说了算。事实上,有时未必是越多越好,设计的适度性也是用户体验工业设计师需要考虑的事。

香港特别设计的闸机,是通过精明的设计优化票务管理而实现的。所以用户体验工业设计并不是仅仅关注产品本身,更可以渗入管理和服务等诸多环节。由于香港的大多数使用者都有使用机器的习惯和能力,所以在地铁里大量使用自动化的售票和检票(见图3-51),也有利于满足使用者的票务需求、快速性需求、舒适性需求。但是这些对于本地人的方便,也可能成为外地来客的麻烦。比如有的自动售票机只接受硬币,并且人工票务服务萎缩。虽然这样可以提升票务的快速性,但也可能因此拒绝一些乘客,特别是那些外地使用者,影响人们对香港的城市印象。

图 3-51 香港地铁闸机

（图片来源：孙远蓓，2019 年，香港）

美国地铁工业设计

美国是个擅长使用机器的王国，人力能省则省。如图 3-52 所示，买票、进站、

图 3-52 芝加哥检票机

出站等一系列的工作都是由机器完成。普遍使用信用卡,在大商场买电器花成千上万元可以用信用卡,在地铁买一两块钱的车票照样可以刷卡(所以美国人很少带现金)。一般无人给你检票,人们自觉塞车票进闸机,甚至在进站口也看不见工作人员。这样一来,自然有不自觉的逃票者。我在芝加哥的绿线车站南郊,好多次看到几个人塞一张票一起过,有时工作人员看到也不管。

不过,据说华盛顿的检票机比较厉害。如果一张票进了两个人,会铃声大作,测出"逃票"。即使当时没人管,你进去了,等你出站时,一样亮起红灯,把你筛出来。这时候即使你拿出票来,也没用,因为你的票没有进站记录。

<u>分析</u>

根据美国使用者的实情,美国地铁也大量采用机器自动票务的方式,甚至信用卡也可以购票,这样提高了效率,赚取了利润,也大大地满足了使用者的快速性需求和舒适性需求。当然机器售票的问题在于如何管理。所以华盛顿的入站检票机设计警铃报警,用设施功能弥补人力的不足。

法国地铁工业设计

当年去巴黎的不少留学生都听学长讲过这样一句:"没有逃过票,不算来过巴黎。"可见巴黎地铁逃票之盛。当时的验票机,和上海现在的相仿,只是无人看守,用的是栏杆,年轻人可以轻松跃过。旁边售票人员即使看到,也从来不管检票的事。不过,没人检票不等于没人查票,总有穿制服的乘务员,冷不丁跳出来查票。后来,逃票人太多了,地铁公司也感到头疼,在验票闸机后面又加了一道自动门,把出口的门设计成单方向转动。但是道高一尺,魔高一丈,总有形形色色的新办法逃票。

进入一些老式的地铁车厢,会发现门上装着把手。车到站时,车门并不是自动开的,如果有人上下车,乘客可以去拉把手,门这才开了。不仅老列车是这样,新的列车也有这样的,不同的是,把手换成了按钮。这样的设计是因为,巴黎虽然繁忙,但不会像上海地铁那样,哪一站都有人上下——开门是必须的。巴黎地铁车多,线路多,人流分离,自然就少了。如果站台上没人,不开门,还可以少听一点车站的喧嚣(老地铁的噪音比较大,隧道传声,可以把远处的机车声都送到站台上)。由此可猜想,如果有一天,上海地铁也能车多人少到可以不开门了,也许这不开门的几秒钟,还可以节省空调,节约能源。

如果留心观察,在一些车厢内的门口附近,你会找到几只特殊的板凳。这些板凳下面有个弹簧装置,放下可以坐人,人多时就翻上去,留出空间给站着的人。小小一个设计,低成本,却为列车腾出更多空间来。其实这个念头,在无数次高峰时段乘上海地铁时,笔者就想过:人多时,除了少数照顾席,大多数的座位应该翻起来,让更多的人站进来,站得舒服些。没想到,天下无新鲜事,巴黎早就做到了!

分析

工业设计有时候是为了方便大多数人而设计,有时候也是为避免少数人的不妥行为而设计。也可通过管理的方式来弥补设计的不足,比如查票之于逃票,这虽是一种对付逃票的古老办法,但是还是有效,是否需要使用,就看得与失是否相当了。

巧妙的设计还有很多,如弹簧凳留出空间给站着的人,它让地铁在不同时段,适应不同状态而变通,从而将固定的设计变成了弹性的使用。

日本地铁工业设计

早在 2005 年 2 月,一款智能手机使得日本乘客只需挥手就能乘上地铁了。地铁入口的特殊检票设备从特制的扫描器中读取相关信息。乘客可以轻松地通过电子付费而无需忍受排队买票之苦了。这款手机的技术来自 NTT DoCoMo 公司和索尼电子通信公司的合作。日本原来已有 1 000 万乘客使用智能交通卡,这种电子付费的新业务更大地推动了日本交通的现代化发展。

2019 年,上海地铁也已经有大量用户使用刷手机或手表进站。交通卡和 App 是当地人的主要票务方式。外地乘客可以下载 App,方便进出车站。地铁站基本取消人工售票,只提供机器购票、交通卡充值。国内许多大城市,情况类似。

由于智能手机普遍使用,2019 年,上海地铁使用者在地铁的任何信号良好的地方,都可以知天下事,并随时查询车辆情况和自己所到站的信息。车厢内的电子屏也不停地播报各种节目内容。

分析

日本的电子付费等新技术带来新产品,但是创新点子和蓝海市场还是来自用户体验设计的深入研究。这里的新产品是一种新的服务,非物质的设计。

在日本地铁里,有很多销售零食的机器,这对于许多城市已经明令地铁禁食来说,显得有点特别(见图 3-53)。

图 3-53 2019 年的日本东京的丸之内线零食柜

韩国地铁工业设计

大邱市地铁纵火案,震惊世界。根据记录,从当时乘客的经历,可以反思韩国地铁的设计。

不知道如何使用急救设施

对于困在车厢里的乘客来说,逃生的前提是打开手动开门开关。事后的检查和分析表明,车厢里的手动开门开关即使在正常情况下也不易找到。在后来的"逃生"演习中,一位大学生用了 1 分 56 秒时间打开地铁门。而当时,收到地铁乘客报警电话到火势完全蔓延的时间是 57 秒。另一个对街头 50 人所做的随机采访表明,市民知道其开启方法的仅为48%,其中一半是在看了大邱事故报道后才知道的。看了地铁的开门说明文也不知怎么开的人占56%,车内消防栓的位置有72%的人知道,但知道使用方法的人仅有38%[1]。

无人化管理

韩国地铁基本上是无人化运作(见图3-54)。由于人人遵纪守法,售票、检票都是机器自动操作,没有人监督。但是乘客携带任何物品也就没有人检查。这是第一道隐患。

图3-54 2019年首尔地铁三角地站

不仅入口无人,车站站台上也几乎见不到警察或保安。即使在最繁忙的换乘站,工作人员也只有寥寥几个。他们并不是保安,主要是引导乘客或提供问讯服务。车站里的饮料和食物也是由自动贩卖机提供。很偶然,能发现一个报摊。新建的地铁里甚至没有商店和食品店。宽大的过道上只有大型盆景和绿色植物。无人化管理是城市文明水平的象征,但在这类特殊情况下,就变成了无人援助的孤岛。

车厢隐患

当时,大火之所以快速蔓延,一个原因是车厢里用易燃的薄绒布作为装饰(见图3-55)。这种材料在一些室内火灾中也曾作为"头号杀手"被报道。它们使火势迅速蔓延,并帮助点燃座椅、地板和墙壁这些耐燃材料,而这些材料会排放使人窒息的有毒气体。

图3-55 韩国地铁车厢内

大邱市地铁车厢之间不连通,大火一起,烟雾过得来,人却过不去。所以人们的逃生机会又少了一些。车厢里的通风设施只能保障日常状态,遇到火灾时,就无能为力了。

分析

用户体验工业设计的至关重要点之一是用户测试。相信如果韩国地铁的消防产品通过了若干轮用户测试的话,根本不会出现使用者不知道如何使用急救设施的问题。

韩国地铁中也广泛使用机器,虽然它们可以帮助乘客方便快捷地使用,但是无法解决紧急情况下的问题。这些紧急情况下出现的不少问题是车厢内的隐患,比如大邱市地铁车厢之间不连通。所以设计不仅要考虑日常情况,也要满足紧急情况时使用者的使用需求。

注释:

[1] 林楠,李菁.韩国纵火案与地铁安全[J/OL].三联生活周刊,2003(9)[2003 - 04 - 03].http://www.lifeweek.com.cn/2003-04-03/000535037.html.

第五节　全球地铁综合设计案例与分析

全球地铁的综合设计

用户体验设计是突破传统的设计新概念。它不同于现代主义,过分强调功能而忽视人性的精神需求;也不同于后现代主义,过分关注文化表达和修辞。用户体验设计注重功能,它认为好的设计是根植于实用性,因此它的创意来自对使用者生活世界的现场采集。它通过了解使用者的行为而探索他们的动机,从而发现那些未被满足的需要,这样就从根源上解决了使用者遇到的问题,甚至找到许多使用者自己都没发觉的可能。也正因为这点,用户体验设计在最终的设计解决方案中,形成的结论不再受传统设计观念的限制,它可能是一件具体的产品,一个装修好的房间,更可能是一项闻所未闻的服务,一类新的生活方式,一种新的价值观念,一套新的使用法则,一份情调……

星巴克咖啡店(Starbucks Coffee)从 1971 年西雅图的一间小咖啡屋发展成为今天国际知名的咖啡连锁店品牌,绝不是仅仅靠咖啡质量好工艺独特而取胜的。星巴克卖的是什么? 是服务,是体验,是情怀,是非传统设计的设计。

在美国,星巴克推崇"第三空间"的理念,着力于把星巴克打造成除了办公和家庭之外的首选休闲场所。它的咖啡最低的时候卖 1.5 美元。它散落在城市的各处,从金融区到黑人区,它是每个人可以触及的现实世界。但是它和其他咖啡店又很不同。早在 2006 年,由于成功地实施了微软 NET My Services 的商业模式,顾客甚至可以在网上预定咖啡,等到了门店的时候可以马上享用。星巴克把自己定位为"您的邻居",而绝非白领阶层的专属,是家庭客厅的延伸、价廉物美的社交场所、工作和家庭之外的第三个最佳去处。

在中国,星巴克意味着一种"小资生活",醇香的咖啡,轻柔的音乐,木制的桌椅,考究的用具,与外面的喧嚣隔绝。打开笔记本,你可以在出世之地做入世之事。一切的一切带给你的是尖端科技的享受和时尚风情的交叠。而星巴克的员工也大多非常年轻,他们是咖啡师,信手拈来的关于咖啡的介绍配上英语更带有咖啡的洋派。国际流行杂志和周围衣着光鲜的白领,让你尽享小资情调。

星巴克的成功在于它销售了咖啡的同时,也销售了一种体验;它创造了环境,它更销售了一种文化氛围;它设置了一个场所,更给人们一种心情的放飞;它提供了一种服务,更塑造了你是白领你金贵的感觉。

实战操作—全球地铁综合设计案例分析

中国地铁设计

2006 年的上海早晨,地铁车厢里最常见的就是吃各种食物的上班族。1 号线的莲花路站,甚至在站内开设了小食铺面,提供点心和饮料,大受欢迎。

香港地铁里是禁止饮食的。不仅有明显的标识告知乘客,而且广播也提醒大家不能在地铁内吃喝。这样的标识和语音提示在芝加哥和纽约的地铁也能见到听到,可是依旧随处可见麦当劳的食品袋和可口可乐的纸杯。在香港地铁里,这些情形却十分罕见。无论是背包的儿童还是衣着朴素的工人,几乎看不到有人在地铁里进食,因此车站和车厢都很干净(乱扔垃圾在香港的罚款很重)。另外,即使在上下班高峰时间,拥挤的车厢中还能保持安静,着实让人敬佩。

香港人文明乘车还有一景是排队上车。在站台上几乎看不到执勤的工作人员到处吆喝叫人排队。大家都自觉在候车口排队,而且按照地面标记指示,下车人走中间,两侧各有两排上车队伍,一共五列(见图 3-56)。车到了,大家秩序井然地上下车,无人拥挤。很多人说,内地人素质差,不愿意排队等车。其实也不然,在香港照样看到许多内地来的乘客安静排队,在上海也看得到老外抢座位。很多时候,文明和环境很有关系,这个环境是物质的也是人文的。

图 3-56 香港地铁里的上车口
(图片来源:孙远蓓,2019 年,香港)

在香港地铁里,给老人让座并不多见,虽然车厢设计有老人优先的座位(见图 3-57)。香港的地铁为 65 岁或以上的长者提供一种相当于普通成人票价一半的八达通卡,为老人提供乘坐优惠。地铁里,常可以在车里看到老人站着,有时也会看到车厢有空座,也有老人站着不坐的。在上班时间也有不少老人挤地铁,有一次笔者就紧挨着一位长辈。她一只手吊在扶手上,一只手搂着包,耳朵里塞着耳机,闭着眼睛,十足一副上班族打扮。顺着耳机的线看去,吊在脖子上的音乐手机是 sony 的新款。

图 3-57　香港地铁内的老人座
（图片来源：孙远蓓，2019 年，香港）

分析

虽然香港地铁的使用者也有"饮食需求"，但是因为社会风尚已然形成，人们就能自觉遵守规则。所以地铁文化与社会发展水平息息相关，它是地域文明水平的一个缩影。因为地铁内不饮食，所以垃圾自然少了不少。所以倒过来想，如果要减少地铁垃圾，不如规定禁止饮食。除了设计，还要加上管理，对违规的处罚的确限制了个人的方便，但是它有效地维护了社会秩序。还有，使用者群体的文明水准让每个使用者受益，人们在安静的车厢中获得片刻小憩。这样既满足了舒适性需求，也满足了健康需求。也正是因为人人有序乘车让大多数老年使用者觉得安全。通过社会秩序给老人一个方便的环境，的确比简单地设计让老人专座有效得多。地铁文明和城市文明很有关系，这一文明的环境是物质的也是人文的。能形成这样的社会风气的设计才是真正有助于和谐社会的好设计。

在香港地铁里，我们发现给老人让座并不多见，也许这是香港地铁老年使用者展示需求的表现。香港人对老人的关爱不是通过让座表现的而是通过提供优惠卡表现的，显现了这个城市优越的福利。

美国地铁设计

2006 年的上海地铁,早上如果不挤,一定会看到手拿食物,低头猛啃的上班族,也算一道城市风景线。地铁里喝饮料者更是比比皆是。上海地铁不准大家乱扔垃圾,可并不太管大家在地铁里吃喝(2014 年新版《上海市轨道交通管理条例》新增"地铁车厢禁食"等规定)。吃和喝,在美国地铁车厢里都是明确禁止的。有媒体就曾报道,美国一位 45 岁的中年女子仅仅在地铁吃了一块巧克力,就遭到警方的逮捕,拘留几个小时,并被处以罚款。类似的报道还有,有个 12 岁的小女孩因为在华盛顿地铁吃零食被拘留。看上去美国人把这个真当回事儿。

而实际中的执法并不如报道中的那样,在芝加哥乘地铁,虽然禁食的警示标语和提示语到处可见,但在车厢地面和座椅上,麦当劳的食品袋子和各种饮料的空罐子还是经常可见,有时也看到有人在吃。通过观察地铁的食物遗留物,可以推断,在地铁上吃喝的不在少数。芝加哥地铁里的巡警也不多,站台上可能还有几位,上车检查的就比较少了。可能,由于芝加哥不如纽约和华盛顿那么重要,警察也就管得松点儿。

很多人去美国之前都收到这样的警告:晚上乘地铁不安全。在地铁或广告上也能看到警示:夜晚搭乘请去有乘务员的车厢。但是 2005 年 10 月的某天,笔者在午夜 12 点乘坐纽约地铁 4 号线去第五大街,口袋里装好零碎美元以备遇到歹徒。可是,那一夜凌晨 1 点,从人潮汹涌的百老汇街面下到地铁,我发现地下依旧热闹非凡,人数不输白天。于是也就一路太平。后来才知道,在美国,城市各区有好坏之分。

在芝加哥地铁也有类似经历。一般当地人都知道,地铁是否安全,主要是看行进所在的地段。那些差区,即使白天去也要小心。晚上乘地铁,到一些差区最好也要小心,不要单身一人坐在空荡荡的车厢(有司机的第一节车厢和有乘务员的中间一节车厢相对安全些),也不要去人少的站台。带些零钱(由于信用卡的普遍使用,不少美国人身上只放 20 美元,最多也不超过 100 元),分开放着,如果遇到不善的人或乞丐,赶紧打发了事,千万不要让他们看到你带了大量现钞。但是在比较安全的区,即使在午夜,你也可以放心大胆地乘坐。

有时候,在车厢里,会遇到一些奇奇怪怪的人,他们会跟你说话。有一次,笔者坐在一个人数不少的车厢,后面的一个黑人不断地过来搭讪,说了一路"我喜欢你。你喜欢我吗?"。这个时候,最好的办法就是不言不语,或装作听不懂。以前就发生过,有人对答,却被对方认为是种族歧视,纠缠不休直到掏钱为止。

在"9·11"事件后,美国人到公共场所还是挺紧张的。地上的许多公共场所,如博物馆、美术馆等地,都在入口设了安检设备。但是由于地铁人流太大,无法这样做,只能靠增加警力来进行防范。

2007年,伦敦地铁爆炸事件发生,大家更觉得公共交通空间不安全。地铁里巡逻的警察比以前更多了不少,有时甚至能看到警察带着警犬出没。车站和车厢到处都贴着警示语:"If You See Something, Say Something."(一切嫌疑,皆须举报)(见图3-58)。广播里也不停地重复。在纽约,甚至每张MTA的车票背面都印着这句话。

图3-58　车厢里的警示语

笔者因为要做观察记录,不时会拿出相机拍照。一般情况下,只要不朝着人脸拍没人管,但有一次在华盛顿,刚拍了一张照片就被警察发现。他大步冲过来,勒令立即停止拍照。还仔细询问了笔者的身份,来自哪里,叫什么名字,大概他觉得有恐怖分子的嫌疑。

据说美国政府已经研制成功一种新机器,能通过乘客在自动售票机上按键买票,检测购票人的手指是否接触过爆炸物质。作为带有安检功能的这种自动售票机,即将在部分城市试用。[1]

不同城市对车票的管理不同。比如,在芝加哥,无论远近,乘一次地铁的票价都是 1.75 美元,包括转乘。如果你在 2 小时内再进地铁或乘 CTA 的地面巴士(芝加哥大多数公交车属于 CTA),只要再付 0.25 美元。这个优惠的唯一条件是你得使用同一张车票(Transit Card),且里面有足够储值,因为机器需要车票提供你第一次进站的时间信息。不然你只好重新买票。如果你在这 2 小时里,又坐了一次 CTA 的地铁或巴士就可以免票。对于逛街或办事的人来说,倒是一个快事快办,提高效率的动力。换乘别的线路不出站是不用再加钱的。但有意思的是在市区有这样的站,它换乘的两个车站在地下不连通,必须出站到地面走过几个街口才能到另一个(就像在上海火车站站,从 4 号线转 1 号线,也要出站。但是上海地铁要重新买票)。第一次笔者战战兢兢地怕走错,在路人的指点下换了钱,果然没有再收钱。

华盛顿的车票是纸质的,几乎没有什么平面设计,看上去很土。票上印了大熊猫图案,据说中国送的熊猫是华盛顿动物园的唯一宝贝,因为华盛顿的地铁是按照路程远近收费,所以纸质车票会在每次出站时打印出你剩余的储值,方便了乘客。比如,你第一次买了多少钱,每次少掉一点,用完了票也就没用了。笔者在芝加哥时包里总是有着好多张 CTA 车票(是可以无数次充值的磁卡),每一张都不知道剩多少钱,上车前得去查询,很麻烦(上海地铁票也看不出面额)。所以虽然觉得华盛顿的车票不漂亮,却很实用。还有,如果你出了地铁就转乘公交车,可以在地铁站内拿一张转乘票,下面一程的票价就可以少一些,这个叫转乘优惠。

纽约 MTA(大都会捷运局)的车票(MetroCard)也是可充值的磁卡,用机器检票(见图 3 - 59、图 3 - 60)并可以多买多送。纽约的地铁一次 2 美元,可以有一次免费转乘地铁或公交的机会。但是如果你一次充值超过 10 美元,就能得到 20% 的额外储值。也就是说,你一次付 5 次乘车的钱会得到 6 次的乘车机会。纽约还有各种用于地铁和公交巴士,如"1-Day Fun Pass"(1 天无限次游乐卡)、无限次交通卡,

图 3-59　机器检查票面余额

图 3-60　检票机面板

"7-Day Unlimited Ride MetroCard"（7 天交通卡）和 "30-Day Unlimited Ride MetroCard"（30 天交通卡），分别为 7 美元、24 美元和 76 美元。其他车票还有用于火车和机场的各类优惠车卡，这些优惠票价政策的设计，不仅仅是合理地促进了消费，也从使用者角度，特别是那些来旅游的使用者角度，实现了方便和实惠，当然，也给地铁营运公司赚了钱。

分析

美国地铁禁止饮食的规则是美国的社会习俗与文化所致，但是仍旧有违反规定的现象，充分说明了作为使用者有饮食需求。如何平衡两者的关系是设计需要思考的。简单禁止和极力支持开设商店体现了其矛盾性。

在美国，地铁的安全是个重要的话题。这么多关于注意安全的建议充分说明安全需求作为基础性需求对于使用者是很重要的。如果有可能发生危险，即使在各方面条件都很好的地铁中，人们也会不顾其他，以此为重！虽然，人多会引起拥挤造成不安全，但是人少也会给不法分子有机可乘，所以在适度的人流中，使用者的安全度相对较高，如何设计组织人流与安全性的问题，恐怕还没受到重视。在美国，地铁安全与车站的地理位置密切相关。这也说明地铁安全是个复杂的问题，设计不能太片面。同样如果使用者对周围的环境有不安全感，这时候，即使有交往需求，受到环境的影响，也会抑制这种需求。所以说，社会文明才是大设计。

公共安全在平常的生活中并不被大家所感受，一旦触动，则会人人自危。据说，上海地铁在全球都警惕恐怖袭击的那段时间，把很多地铁站的垃圾筒换成无盖的。这是一种防患的做法，这种临时的做法从此一直延续。但是为什么没有看到针对性的设计出现？美国还注重对安全意识的传播，利用流动的信息传播载体，使每个使用者有机会得到安全信息。另外，研制带有安检功能的自动售票机，也是个不错的想法，购票是人人都要使用的环节，在这个环节增加安全检查，效果比较好。

由于美国私车多，地铁需要吸引使用者，用限时转乘优惠这样的政策特别能吸引那些短时间购物或办事的使用者。把地面公交和地铁联系起来，一定程度上也带动了公交的客流（在美国，公交车乘得人较少，多数只是些老人）。而华盛顿的车票打印剩余储值，增加了票务的使用者认知度，是体贴使用者的好设计。通过月票或其他限时通票的政策,既稳稳地绑定上班族,增加地铁的吸引力,也可方便游客,对于整个社会的节能环保都有好处。所以好的设计不仅解决局部问题,也会有助于整个社会的良好运转。其实,这一系列售票政策和设备,都不是简单的机器或者其他器物的设计,重要的是经营方式和理念上如果有好的创意,才能真正产生好的作用,也带来商业利润。这是用户体验设计超越传统设计之处。

日本地铁设计

在日本地铁拥挤时段,人们会看到一些古怪行为:车厢里一对男女紧贴在一起,像情侣那样亲密,可是车厢门一开,那女子就狂奔而去。如果你要是认为这是小两口就大错特错了。这是日本的地铁色狼在非礼女性乘客。很多人认为,日本的社会压力和过多的声色刺激使得非礼事件一再增多,地铁就是一个集中的场所。特别在上下班高峰时期和夜晚最容易发生。多发地为车厢的后部,因为那里是死角,一旦遭遇色狼,既无旁证,又不便逃走。

2004年,《读卖新闻》曾报道东京都政府和铁路运营公司东日本旅客铁道做过一项相关的调查,在受访的632名女性中,有403人,也就是近2/3的受访女性在上班期间乘搭地铁遭遇过非礼。这是长年困扰东京客运火车及地铁的一大问题。

2005年5月开始,辖区为首都圈的JR东日本和9家私营铁路、东京都交通局在早上上班高峰时间推出了一种"女性专用车厢"(见图3-61)。这是日本地铁运营公司面对长期以来困扰女性乘客的性骚扰问题的不得已之举,也标志着日本警方整整一年打击地铁非礼行为的失败。

<u>分析</u>

日本人平时生活工作压力大,许多社会问题会折射在社会生活的场景中,比如像地铁这样的一个公共场所。如果设计能有效地解决这些问题,它一定不是传统的产品设计或者环境设计所能够做到的。为了解决日本女性在地铁上被骚扰的问题而设立的"女性专用车厢"虽十分有效,但真正的用户体验设计应该让人们在开放的、民主的公共空间中享受同样自由和尊重。

图 3-61　日本地铁特设"女性专用车厢"

墨西哥地铁设计

墨西哥城是不是最早开设妇女儿童专用车厢的城市,笔者暂未考证,但至少旅客到那里乘地铁一定对这个印象很深。这些专用车厢一般设在前两三节车厢的位置,只可由妇女和12岁以下的儿童乘坐。每个地铁站因此有专用通道上车,也有乘警维持秩序。

墨西哥城是拉美地区第一个修建地铁的城市。墨西哥城地铁是国有企业,被称为"资助穷苦民众的福利性企业"。它不仅方便快捷,而且朴素实用,真正地做到了"为多修一米地铁而节约每一个铜板"。地铁站的装饰有雕塑或壁画,它的票价也曾誉为"世界上最便宜的票价"。而且,持老年证(60岁以上)、残疾证的乘客和5岁以下的儿童都可以免票。

分析

由于特殊的地域风俗,墨西哥城地铁开设妇女儿童专用车厢,这样的运作方式,基本上还是出于安全考虑。

只有"为多修一米地铁而节约每一个铜板"这样的理念才会得到百姓的支持，社会的每个人都被政府设计进去了，人人都有归属感，自然得道多助。一方面政府提倡为人民的地铁而节约，另一方面为百姓提供低廉的票价，这样的地铁才是深入民心的地铁。墨西哥地铁对特定的人群免票，通过社会福利政策的设计，满足地铁使用者的需要，国家的需要。

法国地铁设计

建于 1900 年的巴黎地铁是地地道道的"百岁老人"。

地铁给巴黎人带来了无与伦比的方便。它如同经络，嵌在巴黎人的日常生活中。在巴黎，除了大富豪，几乎所有人都靠地铁过日子。巴黎地铁的标识系统也实用方便。在每个站都可以拿到免费的地图，按照地图，看着标识可以找到你要去的地方。站台上的装饰不多，但站名大多用瓷砖拼出大大的字母，在车上显而易见。

2003 年北京地铁撤销已经成为标志性风景的地铁报摊，据说减少经营活动是为了消除安全隐患的不得已之举。巴黎有着成千上万的地铁商店。"巴黎独立运输公司"专门成立一家名为"地铁营销"的公司，每年的"地下经济"让该公司净赚超过 1 300 万欧元（约 1.2 亿人民币）。而且他们不但不觉得这些商店是安全隐患，还认为需要扩充地下网点。关于安全，他们认为，商店反而对地铁保障安全有帮助。因为店铺的营业员们非常了解地形，关键时刻会协同警察或消防队员疏导民众。这让人想起韩国大邱地铁火灾的一个逃生者说：我们在那个时刻最需要的就是他人的引导和帮助，但是事实上是，由于高度自动化，大邱地铁机器太多，人太少，我们孤立无援。

巴黎地铁除了商店的店员是安全疏导员外，他们还培养了一批流动疏导员——地铁艺术家。安全部门对地铁艺人实行"户籍制度"管理，他们都在"巴黎独立运输公司"登记注册，交纳管理费，由公司负责对他们进行监督和管理。这样一来，不仅避免了某些不法分子趁机胡来，而且艺人们经常主动向乘客提供方便，遇到特殊时刻他们还都是训练有素的疏导员，已成为地铁的安全保障之一。

不过，2015 年的巴黎地铁，被大家认为是非常不安全的场所。女性乘客单独前往时,即使白天,也会被提醒说要多加小心。所以,地铁不是一个孤立的公共空间,与大环境紧密相关。

分析

即使是历史悠久的巴黎地铁,使用者对地铁的要求还是快捷、准时、方便,所以基本要求是最先需要满足的。

提供充足、方便的信息服务是发展地铁的重要保障,所以巴黎地铁在很多地方都为使用者提供免费的地图。那些大小刚刚好的地图,是一份体贴的设计,它能够站在使用者的角度,做到真正方便使用者,这才是真正的用户体验设计。

巴黎地铁站台上的装饰不多,站名却显而易见。相比起来,地铁的美观不如实用重要,如果使用者发现美观的地铁不好用,反而会认为地铁建设的钱没花到点子上。

巴黎地铁承载着大量的商业内容,这是地铁带动城市商业经济发展的一种表现。同样是关于商业,为何我们的就成了安全隐患?好的设计的确不是简单的物的设计。对于商店是妨碍安全还是有助于安全,我国地铁和巴黎地铁有着截然相反的看法。这不仅是一个不同角度看待事物的问题,也是一个善不善于用管理来协调地铁安全和商业的问题。同样的一件事,不同的国家理解和运作的方式有着很大的不同,是使用者的不同,还是设计者不同?紧急状态下的设计,更多的是对人的设计。针对人的设计,恐怕是最难的。这样的设计要充分地理解使用者在各种状态下所做的反应,也要善于把一些非使用者(如店员、乞丐、艺人等)巧妙地利用起来,甚至把不安全因素转化成安全因素,这是高超的管理理念,是大设计,是真正关心人的设计!

注释:

[1] 美国地铁将试用新系统 售票安检同步完成[EB/OL]. (2006 – 03 – 22)[2019 – 06 – 28]. http://www. xminfo. net. cn: 8080/policyinstruct/2006/2006-03-22-0203. htm.

参考文献

［1］ 戴力农.设计调研[M].北京:电子工业出版社,2016.

［2］ 百度移动用户体验部.方寸有度:百度移动用户体验设计之道[M].电子工业出版社,2017.

［3］ 刘毅.中国市场中的用户体验设计现状[J].包装工程,2011,32(4):70—73.

［4］ 任婕.腾讯网 UED 体验设计之旅[M].北京:电子工业出版社,2015.

［5］ 田德新.基于民族志方法的美国大学课程大纲研究与借鉴.时代教育[J].时代教育,2017(1):127—128.

［6］ 大卫·M.费德曼.民族志:步步深入[M].龚建华,译.重庆:重庆大学出版社 2013.

［7］ 格尔兹.文化的解释[M].纳日碧力戈等,译.上海:上海人民出版社,1999.

索　引

致　谢

修订版中新增了不少内容,得到许多朋友的帮助:罗莎授权我使用她的研究成果,李力耘帮助收集日本地铁资料,陈曦、周韵晟帮助收集美国地铁资料,金星宇收集韩国地铁资料,肖又歌收集斯德哥尔摩地铁资料,李亦中收集俄国地铁资料,孙远蓓收集香港地铁资料,林缘缘收集杭州地铁资料。在此表示衷心的感谢!